Wai Yie Leong

Fusão para sistemas sem fios: sensores, redes e eficiência energética

Wai Yie Leong

Fusão para sistemas sem fios: sensores, redes e eficiência energética

ScienciaScripts

Imprint

Cover image: www.ingimage.com

This book is a translation from the original published under ISBN 978-3-659-86687-6.

Publisher:
Sciencia Scripts
is a trademark of
Dodo Books Indian Ocean Ltd. and OmniScriptum S.R.L publishing group

120 High Road, East Finchley, London, N2 9ED, United Kingdom
Str. Armeneasca 28/1, office 1, Chisinau MD-2012, Republic of Moldova, Europe
Managing Directors: Ieva Konstantinova, Victoria Ursu
info@omniscriptum.com

Printed at: see last page
ISBN: 978-620-8-56819-1

ÍNDICE DE CONTEÚDOS

RESUMO

Os microprocessadores são dispositivos fundamentais para o funcionamento dos computadores e da maioria dos aparelhos eléctricos. Assim, o principal objetivo deste estudo e relatório é aprofundar a utilização e as aplicações dos microprocessadores, na forma como podem ser aplicados a um sistema social simples. Em termos de um sistema social, foi utilizado um simples sensor de temperatura para que a temperatura numa determinada divisão pudesse ser mantida abaixo de uma temperatura fixa. Um sensor como este revela-se útil, pois pode ser utilizado numa variedade de aplicações, como salas de cirurgia e santuários de plantas. Será preparada uma amostra de codificação para garantir que o sensor de temperatura actua e funciona como pretendido. Para além disso, será utilizado o software Arduino com a unidade microprocessadora, juntamente com a codificação mencionada, de modo a desenvolver os resultados desejados. Para além de se chegar a uma solução para um problema social, será feita uma revisão bibliográfica bastante extensa sobre várias secções relativas às funções e aplicações dos microprocessadores no mundo atual. Entre as revisões que serão efectuadas, contam-se o desenvolvimento dos microprocessadores no passado e o futuro dos microprocessadores previsto, a utilização de redes de sensores sem fios, os vários métodos de localização atualmente disponíveis e a recolha de dados com eficiência energética, só para citar alguns exemplos. De um modo geral, esta análise fornecerá uma ideia exaustiva da evolução da indústria dos microprocessadores e do potencial que esta encerra para o futuro próximo. Este relatório é uma mera documentação do que foi feito para obter o sistema relacionado com a sociedade, bem como a revisão da literatura efectuada.

INTRODUÇÃO

A comunicação sem fios foi desenvolvida com diferentes normas para satisfazer vários requisitos e exigências. Estes métodos podem ser classificados em quatro categorias individuais com base no alcance da rede e nas diferentes aplicações. São elas a rede de área pessoal, a rede de área local, a rede de área metropolitana e a rede de área sem fios.

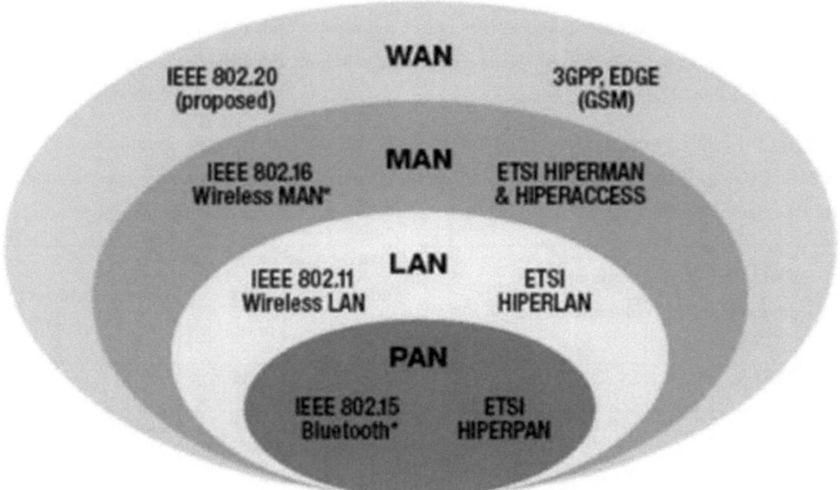

Figure 1: Diagrama que mostra as normas sem fios globais.

Rede de Área Pessoal (PAN)

Uma rede de área pessoal (PAN) é uma rede relativamente nova que permite a comunicação entre dispositivos como telemóveis ou computadores (Gratton, 2013). O alcance típico de uma PAN é de cerca de alguns metros. As redes de área pessoal são normalmente utilizadas para a comunicação intrapessoal, podendo também ser utilizadas para ligação a uma rede maior.

O USB e o FireWire podem ser ligados a redes de área pessoal para utilização de barramentos de computador. Por outro lado, uma rede de área pessoal sem fios (WPAN) pode constituir uma alternativa às tecnologias existentes, como os infravermelhos e o Bluetooth.

O Bluetooth é uma especificação utilizada para redes pessoais sem fios (WPAN). A especificação Bluetooth é também designada por IEEE 802.15.1. Proporciona uma via para a partilha de informações entre dispositivos de rede; assistentes pessoais digitais (PDA), telefones, computadores portáteis, PC, plataformas de jogos de vídeo e máquinas de fax ou impressoras. Ao comunicar através de uma frequência de rádio segura e de curto alcance, a partilha e o intercâmbio de informações tornam-se mais fáceis e eficientes. A norma de rádio e o protocolo de comunicações que foram concebidos para aplicações Bluetooth funcionam normalmente a um alcance baixo, dependendo da especificação de potência. Este alcance pode ir de alguns metros a centenas de metros. Foi também concebido para um baixo consumo de energia com transceptores de baixo custo nos dispositivos que utilizam a sua frequência.

Rede local (LAN)

Uma rede local sem fios (WLAN) consiste basicamente em ligar mais do que um computador entre si através de uma rede sem a utilização de fios. Em vez de fios para transmitir informações, a WLAN baseia-se na comunicação via rádio para poder funcionar como se a rede local tivesse fios. A WLAN utiliza tecnologia de espetro alargado para comunicar entre dispositivos num determinado raio, utilizando ondas de rádio. Isto permite que os utilizadores se desloquem dentro de uma área de cobertura, dependendo da intensidade do sinal, e continuem ligados a uma determinada rede.

A norma Wi-Fi IEEE 802.11 designa um conjunto de normas WLAN, que é da responsabilidade do Comité de Normas IEEE (Garg, 2010). A família 802.11 é composta por seis técnicas de modulação que partilham um protocolo semelhante. As alterações a, b e g à norma original são geralmente as técnicas mais populares.

Protocolo	**Data de lançamento**	**Frequência de funcionamento**	**Taxa de dados (típica)**	**Taxa de dados (máx.)**	**Alcance (interior)**
Legado	1997	2,4 -2,5 GHz	1 Mbit/s	2 Mbit/s	?
802.11a	1999	5.15-5.35/5.47 5,725/5,725-5,875 GHz	25 Mbit/s	54 Mbit/s	~30 metros (~100 pés)
802.11b	1999	2,4-2,5 GHz	6,5 Mbit/s	11 Mbit/s	~50 metros (~150 pés)
802.11g	2003	2,4-2,5 GHz	11 Mbit/s	54 Mbit/s	~30 metros (~100 pés)
802.11n	2006 (projeto)	Bandas de 2,4 GHz ou 5 GHz	200 Mbit/s	540 Mbit/s	~50 metros (~160 pés)

Figure 2: Tabela que mostra as diferentes normas 802.11.

Rede de Área Metropolitana (MAN)

A rede metropolitana sem fios (MAN) é uma tecnologia de banda larga emergente destinada a fornecer serviços de alta velocidade e elevada capacidade para aplicações residenciais e comerciais (Zhang, 2007). A rede metropolitana sem fios foi registada pelo grupo de trabalho IEEE 802.16 para a sua norma de rede metropolitana sem fios sobre normas de acesso sem fios de banda larga, que consiste no acesso à Internet de banda larga por transmissão por antena. Uma rede central comunica com as estações de assinantes que, por sua vez, comunicam com as estações de base para fornecer a ligação.

A Interoperabilidade Mundial para Acesso por Micro-ondas (WiMAX) foi iniciada no ano 2001 para facilitar a operacionalidade da norma IEEE 802.16. O WiMAX é uma tecnologia baseada em normas utilizada como alternativa ao cabo e à DSL. O alcance do WiMAX é normalmente indicado como uma cobertura multiponto que se estende por 30 milhas. Embora se possa argumentar que este valor não é exato, tecnicamente é muito viável, sendo possíveis alcances ainda maiores em ligações ponto a ponto.

O alcance médio das células para a maioria das redes WiMAX é de 4-5 milhas, incluindo a consideração da cobertura de árvores e edifícios. O alcance das células para além das 10 milhas é uma possibilidade, mas pode não ser adequado para redes de carga elevada devido a problemas de escalonamento. Geralmente, são instaladas células adicionais para satisfazer um elevado padrão de qualidade quando necessário.

Rede de área alargada (WAN)

Uma rede de área alargada (WAN) é uma rede informática que abrange um domínio geográfico muito vasto. Ao contrário das redes de área pessoal, das redes de área local ou das redes de área metropolitana, que estão normalmente limitadas a uma divisão ou edifício devido ao seu limite de alcance, a WAN não está limitada pelo alcance da rede. Alguns exemplos de redes de área alargada são a Internet e as redes de dados móveis como GPRS, 3G e GSM.

As redes de área alargada são utilizadas para ligar redes de área local entre si, o que permite que os dispositivos informáticos comuniquem com outros dispositivos informáticos em diferentes locais através da WAN. A grande maioria destas redes é concebida e implementada para organizações e empresas privadas. As restantes são fornecidas por fornecedores de serviços Internet, que fornecem conetividade à Internet a partir de uma organização ou utilizador.

Estas diferentes normas de comunicação sem fios foram desenvolvidas para facilitar a circulação de grandes quantidades de dados a alta velocidade em redes, sejam elas locais ou globais. A figura abaixo resume as especificações técnicas de cada uma das tecnologias.

	PAN	LAN	MAN	WAN
Standards	Bluetooth	802.11 HiperLAN2	802.11 MMDS, LMDS WiMAX (802.16)	GSM, GPRS, CDMA,HSDPA 2.5-3G-3.5G
Speed	< 1Mbps	11 to 54 Mbps	11 to 100+ Mbps	10 to 384Kbps 1.8/3.6 – 7.2Mbps
Range	Short	Medium	Medium-Long	Long
Applications	Peer-to-Peer Device-to-Device	Enterprise networks	E1 replacement, last mile access	Mobile Phones, cellular data

Figura 3: Quadro que compara as diferentes normas sem fios e as suas especificações.

SECÇÃO C

Métodos de localização

Atualmente, existem várias tecnologias diferentes que podem ser utilizadas para localizar um objeto ou uma pessoa. Estas são algumas das tecnologias disponíveis.

Sistema de Posicionamento Global

O Sistema de Posicionamento Global (GPS) é um sistema utilizado habitualmente para a navegação. O sistema funciona através da utilização de 24 satélites que são colocados em órbita pelo Governo dos EUA. A figura 4 mostra como os 24 satélites são colocados na órbita da Terra. Cada um deles está colocado a cerca de 3,75 vezes o raio da Terra (R.Nave, 2012). O GPS funciona em qualquer parte do mundo, em quaisquer condições climatéricas, 24 horas por dia e é isento de quaisquer taxas de subscrição. O sistema também é capaz de fornecer dados de posição em qualquer ponto da Terra.

Figura 4: Posicionamento dos satélites na órbita da Terra.

Os satélites fornecem sinais de tempo e dados de posição que são recebidos pelo recetor GPS no solo. Os relógios atómicos são utilizados nos satélites para uma medição precisa da posição. O recetor, que pode ser um dispositivo portátil, na maioria dos casos um smartphone, descodifica os sinais de temporização de vários satélites. Determina o tempo de trânsito de cada sinal em termos de latitude, longitude e altitude, antes de calcular a distância a cada satélite. Com um mínimo de três satélites, o dispositivo portátil é capaz de triangular a localização do utilizador na superfície. A figura mostra como os três satélites são necessários para triangular a localização do utilizador. Com apenas um satélite, a distância pode ser estabelecida e com dois satélites, o utilizador estará na intersecção do alcance da esfera do satélite. Com um terceiro satélite, a localização pode ser determinada, uma vez que será a intersecção da esfera de alcance dos três satélites.

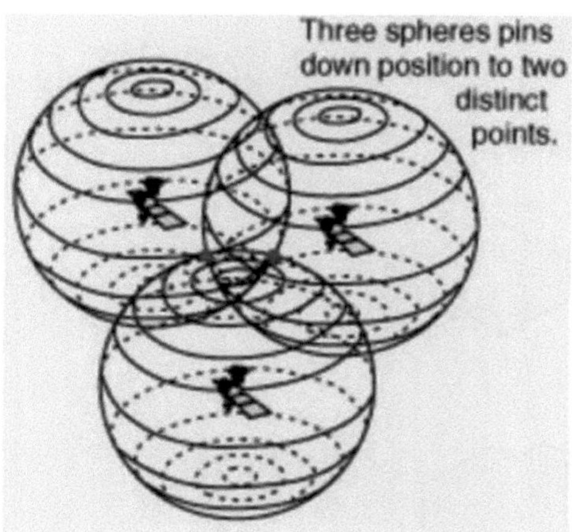

Figura 5: Triangulação para GPS (R.Nave, 2012)

Solução de identificação única

Este método utiliza uma forma de identificação em cada objeto para rastrear o movimento e a localização do objeto. Uma das tecnologias que está a ganhar popularidade é a RFID ou conhecida como identificação por radiofrequência. Trata-se de pequenos microchips com uma antena que pode ser ligada aos objectos. O microchip é utilizado para armazenar e processar informações, enquanto a antena permite a comunicação entre o microchip e o leitor. Estas etiquetas são passivas e só transmitem dados quando chamadas por um leitor. A figura 6 mostra como o sistema RFID funciona com o leitor. O leitor envia um sinal ao qual a etiqueta responde com a informação armazenada na sua memória. Existem dois tipos de RFID, o passivo e o alimentado por bateria. O tipo passivo utiliza a energia das ondas de rádio do leitor para transmitir as suas informações. Enquanto o tipo de bateria tem uma bateria que alimenta a transmissão.

O RFID é atualmente utilizado no rastreio de produtos em todo o mundo. São utilizadas para localizar as encomendas que são enviadas para todo o mundo. Para as empresas, as etiquetas RFID são utilizadas para verificar a contagem do stock e se este chega ao local de destino. As etiquetas também armazenam informações como a data de validade, que pode levar os supermercados a retirar o produto expirado do inventário. Isto também pode evitar que o cliente compre um produto fora de prazo. O futuro possível da RFID é substituir os códigos de barras UPC, que se tornaram uma norma em qualquer embalagem de produto.

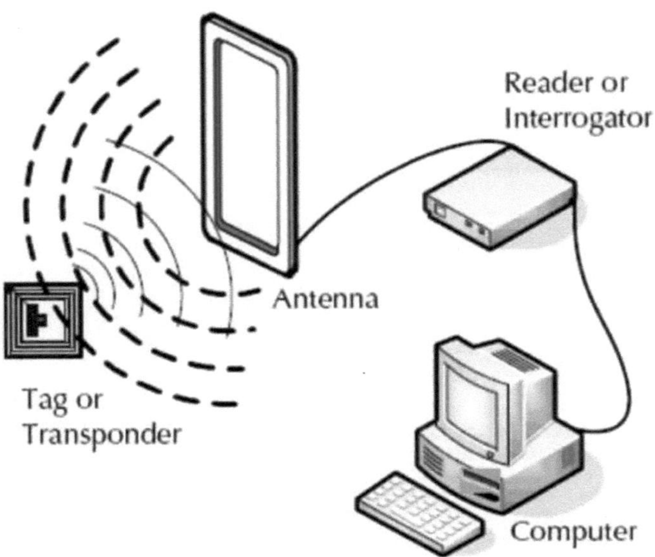

Figura 6: Sistema RFID

Célula de origem

Este é um dos mecanismos mais simples para estimar a posição em qualquer sistema baseado em radiofrequência (RF). O exemplo é apresentado utilizando o sistema WiFi 802.11 da rede local sem fios (WLAN). Esta é a gama utilizada para a ligação em rede de dispositivos em escritórios e casas. Esta técnica permite localizar a célula à qual um dispositivo móvel se associa. A figura 7 mostra um exemplo de como as células são divididas e como a pessoa com um dispositivo móvel é associada ao recetor, que cobre uma célula (CISCO, 2008).

No entanto, esta técnica pode não ser ideal quando existem vários pisos na mesma célula. Pode mostrar a localização, mas não a posição real do dispositivo móvel. Para melhorar esta situação, as células de receção têm de fornecer a indicação da intensidade do sinal recebido (RSSI) para os dispositivos móveis. Deste modo, a célula recetora que recebe a intensidade de sinal mais elevada dos dispositivos móveis pode melhorar o rastreio da localização do dispositivo. Desta forma, os dispositivos móveis não serão localizados em duas ou mais células que estejam próximas umas das outras. No entanto, se os utilizadores necessitarem de uma localização mais precisa, será necessária outra técnica para melhorar a precisão, uma vez que esta técnica só pode localizar dentro de uma célula.

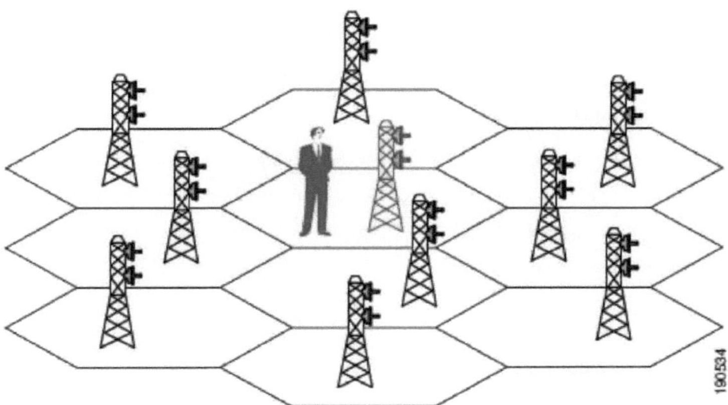

Figura 7: Técnica da célula de origem

Tempo de voo

Este método de localização calcula o tempo necessário para que um sinal viaje entre a estação de base e o objeto. Mesmo com este método, existem várias técnicas que são utilizadas para calcular a localização de um objeto a partir de uma fonte, utilizando a relação entre o tempo, a distância e a velocidade. Mesmo o sistema GPS acima referido requer uma destas técnicas para localizar efetivamente um objeto. Tal como referido no sistema GPS, com apenas uma fonte ou satélite, no caso do sistema GPS, só é possível calcular a distância. Para uma localização mais precisa, é necessária mais do que uma fonte e podem ser utilizadas diferentes técnicas com o método do tempo de voo.

Medição de distâncias

Esta técnica funciona através da medição da distância entre a estação de base ou a fonte e o objeto.

A equação utilizada é

$$d = v.t$$

A partir da fórmula, *d* é a distância entre a estação de base e o objeto. *v* é a velocidade do sinal, enquanto *t* é o tempo que o sinal demora a viajar da estação de base até ao objeto. Com esta técnica de cálculo da distância, só há duas formas de funcionar. O sinal é enviado do objeto para a estação de base ou vice-versa e o tempo necessário é utilizado para calcular a distância, como indicado na fórmula acima.

A utilização desta técnica tem a desvantagem de o nó no objeto e a estação de base terem de estar sincronizados. O temporizador tem de começar quando o sinal é enviado para garantir que o cálculo do tempo de chegada do sinal é exato. Assim, para ultrapassar este problema, os sistemas enviam o sinal da estação de base para o objeto e o tempo que o sinal demora a refletir e a regressar à estação de base é registado. O sistema calcula então o tempo de deslocação, reduzindo para metade o tempo que o sinal demora a regressar. Com este sistema, a quantidade de equipamento necessário no objeto pode ser reduzida, uma vez que toda a cronometragem é feita na estação de base.

Posição da estação de base múltipla

Outra técnica que utiliza o método do tempo de voo é a utilização de várias estações de base. A posição do objeto é encontrada traçando um círculo, sendo o raio a distância do objeto à estação de base. A posição do objeto será a intersecção do círculo de três estações de base diferentes. A Figura 8 mostra um exemplo de como a intersecção do círculo de três estações de base pode localizar a posição do objeto.

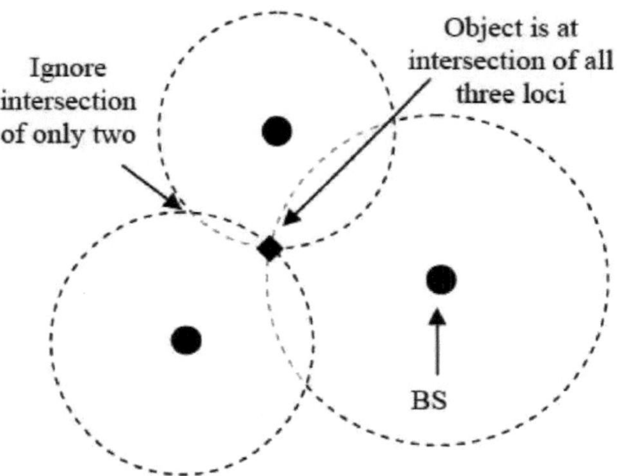

Figura 8: Técnica de posicionamento de estações de base múltiplas

Este tipo de sistemas funciona melhor quando a portadora do sinal se pode mover em todas as direcções, como as ondas de rádio. Isto permite que o objeto esteja em qualquer lugar dentro do alcance das estações de base. No entanto, como a estação de base tem um alcance alargado, o sistema fica vulnerável a interferências de fontes externas.

Diferença horária de chegada

Existe outra técnica em que a estação de base mede a diferença no tempo de chegada de dois ou mais sinais de cada vez. Com estes dados e a relação entre o tempo, a distância e a velocidade, a estação de base é capaz de calcular a sua posição com base nas fontes de sinal. Um exemplo perfeito deste sistema é o sistema GPS. As fontes de sinal são os 24 satélites posicionados na órbita terrestre. Os relógios atómicos dos satélites mantêm o tempo sincronizado. Um recetor como os nossos smartphones recebe vários dados dos satélites a partir de qualquer parte do mundo.

A equação usada para calcular a localização para esta técnica é mostrada abaixo, usando um conceito chamado lateração hiperbólica. Para que este conceito funcione, são necessários três receptores sincronizados no tempo. A partir da Figura 9, assume-se que quando a estação de base X transmite um sinal, o tempo necessário para chegar ao recetor A é denominado TA, enquanto TB é o tempo necessário para chegar ao recetor B. A diferença no tempo de chegada do sinal entre o recetor B e A é calculada como uma constante k.

Diferença horária de chegada (TDoA)B-A = | TB - TA | = k

O valor de TDoAB-A é utilizado para construir uma hipérbole com focos no ponto do recetor A e B. Matematicamente, isto representa todos os pontos possíveis de X. A diferença na distância é representada por | DXB - DXA | = k (c)

Para determinar a localização real de X, é necessário um terceiro recetor C para calcular a diferença de tempo do sinal entre o recetor C e A: TDoAC-A = | TC - TA | = k1

Com outra constante k1, pode construir-se uma segunda hipérbole que representa os pontos possíveis de X entre o recetor C e A. A diferença de distância entre C e A é representada por | DXC - DXA | = k1 (c)

A intersecção de ambas as hipérboles seria a localização final de X, como mostra a Figura 9.

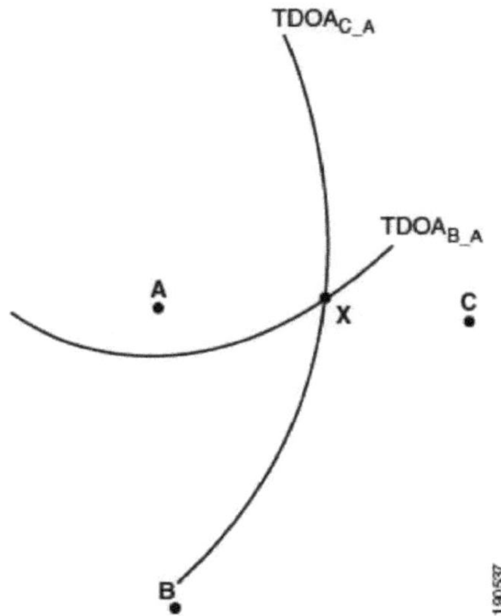

Figura 9: Lateralização hiperbólica para determinar a localização X.

Ângulo de chegada (AoA)

Esta técnica funciona através da determinação do ângulo de incidência com que os sinais chegam ao recetor a partir da estação de base. Num plano bidimensional, são necessários pelo menos dois receptores para estimar a localização, sendo a precisão melhorada com um terceiro ou mais receptores, o que foi demonstrado matematicamente na última técnica, TDoA. O sistema utiliza antenas direcionais que podem ser ajustadas mecanicamente para o ponto onde a intensidade do sinal é mais elevada. Teoricamente, o ponto de maior intensidade de sinal é a linha de visão clara do telemóvel para o recetor, como se mostra na figura 10. Tanto o recetor A como o B encontram-se numa linha reta em relação à estação de base X. A posição das direcções das antenas pode ser utilizada para determinar o ângulo de incidência $\Theta(A)$ e $\Theta(B)$. Comercialmente, é utilizada mais do que uma antena para receber os sinais, reduzindo assim a necessidade de antenas mecânicas complexas. -10

Uma das aplicações da técnica é o sistema VHF Omnidirectional Range (VOR). Trata-se de um sistema de navegação aérea padrão utilizado para a navegação de aeronaves com a gama de frequências de 108,1 a 117,95 MHz. As balizas VOR em todo o mundo transmitem múltiplas radiais VHF, cada uma delas com um ângulo de incidência diferente. O recetor VOR de uma aeronave é capaz de distinguir qual a radial em que a aeronave se encontra quando se aproxima da baliza VOR e, por conseguinte, também o ângulo de incidência em relação a ela. Com um mínimo de duas balizas VOR, o equipamento AoA de bordo da aeronave é capaz de efetuar a angulação e determinar a localização da aeronave.

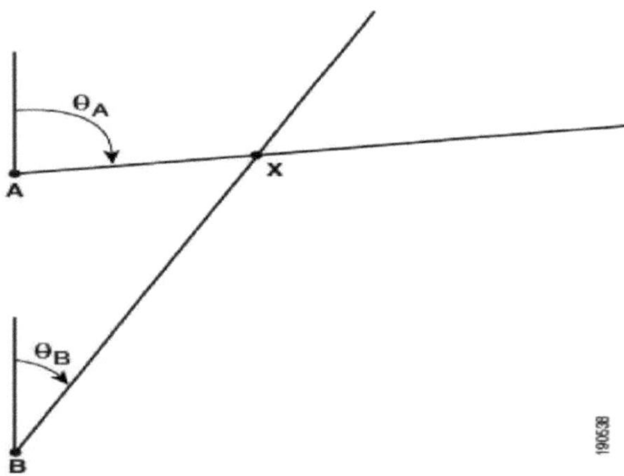

Figura 10: Técnica do ângulo de chegada

Rastreio de telemóveis

A figura 11 mostra a configuração de uma rede típica de telecomunicações móveis. A rede é constituída por estações de base, indicadas na figura 11 como T1 a TN. O objetivo das estações de base é fornecer um serviço de comunicação aos telefones móveis dos assinantes, indicados como M1 na Figura 11. Todas as estações de base estão ligadas ao controlador da estação de base, que controla todas as estações de base. A central telefónica móvel (MTSO) liga o controlador da estação de base a outra estação de base ou à rede telefónica pública comutada. De uma forma mais simples, o MTSO assegura que as chamadas não são interrompidas quando o assinante se desloca de uma célula para outra. O serviço de rede móvel está dividido em várias zonas, que são constituídas por diferentes estações de base. Cada estação de base tem uma área de cobertura, que se designa por célula. As frequências variam entre 450MHz e 900MHz. Mais de uma célula pode utilizar as mesmas frequências, desde que não sejam adjacentes entre si. O MTSO também reduz o tempo de chamada para um assinante, localizando a célula em que ele se encontra. Assim, em casos de emergência, o assinante que pediu ajuda pode ser localizado com exatidão. A localização de um assinante móvel dentro de uma célula de uma rede é conhecida como serviços baseados na localização. Atualmente, os dois processos em que a tecnologia móvel funciona são designados por fixação e desativação. Cada estação de base nas respectivas células envia um sinal de potência na gama de 23W a 30 W para as unidades móveis. O telemóvel procura o sinal mais forte quando é ligado e liga-se à estação de base onde o sinal tem origem. Uma vez ligado, o telefone de mão envia a identificação para a estação de base. Assim, quando uma pessoa efectua uma chamada, a estação de base aceita a chamada e envia-a para o controlador da estação de base e para o MTSO. O MTSO procura o número do assinante que foi chamado e liga a chamada.

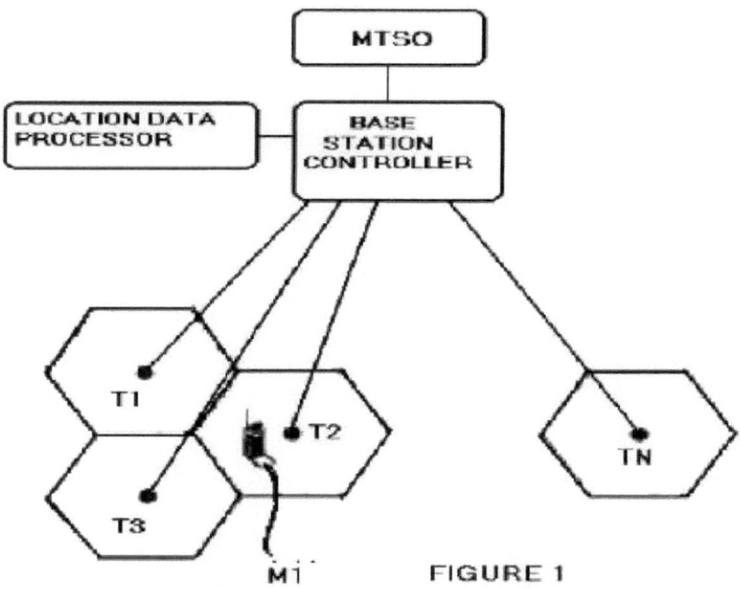

Figura 11: Estrutura de uma rede de telecomunicações móveis

SECÇÃO D

Analisar as redes de sensores sem fios disponíveis no mercado. Compare as suas caraterísticas, topologia, arquitecturas, funcionalidades, vantagens e desvantagens e muitas outras questões técnicas. No final do estudo, pode utilizar quadros para resumir as suas conclusões.

A rede de sensores sem fios (RSSF) é uma combinação de um sistema sem fios e de dispositivos sensores independentes que mostram as circunstâncias físicas. Por exemplo, temperatura instantânea, distância e intensidade da luz. O sistema WSN pode integrar um gateway para fornecer conetividade sem fios às notas distribuídas, como mostra a figura 12.

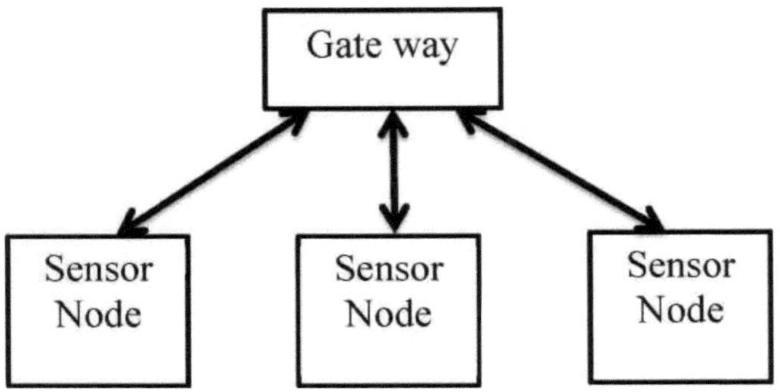

Figura 12: Gateway, nós sensores e componentes da RSSF

Os requisitos da aplicação afectarão diretamente o protocolo sem fios. Por exemplo, o IEEE 802.11, as normas Wi-Fi necessitam de rádios de 2,4 GHz, enquanto os rádios proprietários necessitam apenas de 900 MHz. O quadro seguinte mostra a comparação entre o Wi-Fi 802.11g e o ZigBee.

	Wi-Fi 802.11g	ZigBee
Vida útil típica da bateria	1-2 dias	2-3 anos
Taxa máxima de bits	54 Mbit/s	250 kbit/s
Gama	30 metros	300 metros

Topologias de rede WSN

Existem principalmente três tipos de topologias de redes RSSF, nomeadamente a topologia em estrela, a topologia em árvore e a topologia em rede em malha. Na topologia em estrela, cada nó liga-se diretamente ao gateway. Na topologia em árvore, o nó liga-se como um dendrítico. Os nós juntam-se ao nó mais alto da árvore e juntam-se à porta de ligação no topo. Na topologia em malha, o nó liga-se a vários nós que criarão uma opção para a transmissão de dados. O sistema escolherá a forma mais fiável de transferir os dados, o que conduz a um aumento da fiabilidade do sistema. A Figura 13 mostra a forma comum das topologias de rede das RSSF.

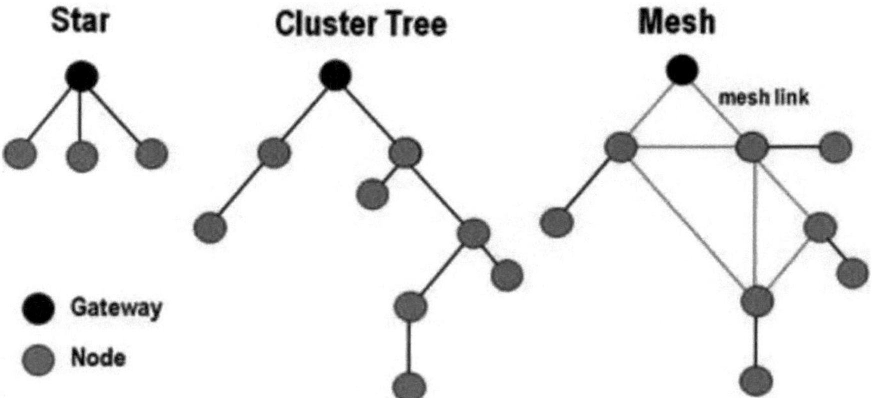

Figura 13: Topologias de rede WSN

No caso da NI-WSN, tem 8 nós finais por gateway e router, o que criará um máximo de 36 nós finais e routers por gateway. Tem 4 canais por nó, o que leva a 144 canais por gateway e 3 saltos do nó final para a gateway.

SECÇÃO E

Visão geral

A disponibilidade de protocolos de encaminhamento no mercado atual consiste em estudar as rotas disponíveis na rede da empresa, criar tabelas de encaminhamento e tomar decisões de encaminhamento (Uyless, 2000). Entre os protocolos de encaminhamento mais habituais contam-se o IGRP, o EIGRP, o OSPF, o IS-IS e o BGP. Os protocolos de estado de ligação e de vetor distante são principalmente os dois protocolos de encaminhamento diferentes utilizados. Estes protocolos de encaminhamento são classificados nos tipos primários de protocolos de encaminhamento. O protocolo de vectores distantes anuncia normalmente a sua tabela de encaminhamento a todos os vizinhos diretamente ligados, em intervalos regulares e frequentes, utilizando uma largura de banda elevada e, normalmente, são lentos a intersectar; no entanto, os protocolos de estado da ligação proclamam novas informações de encaminhamento apenas quando estas ocorrem, pelo que utilizam menos largura de banda do que o protocolo de vectores distantes. Os encaminhadores que não anunciam a tabela de encaminhamento tornam a convergência mais rápida, uma vez que o protocolo de encaminhamento inunda a rede com novas informações de encaminhamento.

Protocolo de encaminhamento de gateway interior (IGRP)

O Interior Gateway Routing Protocol é um protocolo avançado de encaminhamento por vetor de distância desenvolvido pelos sistemas Cisco (Rick, 2007). Este protocolo vetorial distante é um protocolo de encaminhamento obrigatório quando se utilizam redes Cisco (Rick, 2007).

Um router, que utiliza o protocolo de encaminhamento de gateway interior, envia uma atualização através do sensor de rede sem fios de 90 em 90 segundos, por predefinição. Se não for recebida uma atualização no prazo de 3 períodos, ou seja, 270 segundos, o IGRP declarará a rota inválida e, após 7 períodos, ou seja, 630 segundos, o router separará a rota da tabela de encaminhamento.

No IGRP, existem três tipos de rota disponíveis para o router escolher para transmitir a sua mensagem: a rota interior, a rota do sistema e a rota exterior. Na rota interior, o router estabelece rotas entre sub-redes na rede sem fios do router que está ligada à interface do router, enquanto na rota do sistema, o router estabelece rotas para uma rede dentro de um sistema autónomo. O router obtém então a rota do sistema a partir da interface de rede ligada e também de outras informações de rota fornecidas por outros routers IGRP circundantes. Por último, nas rotas exteriores, o router faz o encaminhamento para redes fora do sistema autónomo. Basicamente, o router escolhe uma gateway de último recurso se não tiver uma rota melhor para um pacote.

Em conclusão, o protocolo de encaminhamento de gateway interior é um bom candidato para redes de protocolos internos que requerem redes diretas mas mais duradouras e escaláveis. Além disso, outra vantagem do protocolo de encaminhamento IGRP é que pode ser configurado para efetuar actualizações desencadeadas.

Protocolo de encaminhamento de gateway interior melhorado (EIGRP)

O Enhanced Interior Gateway Routing Protocol é um protocolo de encaminhamento híbrido multifuncional desenvolvido pelos sistemas Cisco para encaminhar mais do que um tipo de protocolos numa rede Cisco de grande escala (Rick, 2007). O EIGRP tem tanto a capacidade dos protocolos de encaminhamento distantes como a do protocolo de vectores distantes. O EIGRP efectua o encaminhamento da mesma forma que o IGRP e utiliza as métricas compostas idênticas às do IGRP para selecionar o caminho mais adequado. O EIGRP suporta uma contagem de saltos de 255 e máscaras de sub-rede de comprimento ajustável. (Rick, 2007)

Quando um router está a utilizar o protocolo de encaminhamento de gateway interior melhorado (EIGRP), mantém um duplicado da tabela de encaminhamento dos seus vizinhos. Esta é uma grande vantagem para o EIGRP porque, se não conseguir encontrar uma rota semelhante para um destino numa das cópias da tabela de encaminhamento, consulta os seus vizinhos para obter uma rota e estes, por sua vez, questionam outros sensores para obter outra rota, o que acontece até ser encontrado um caminho. Para que todos os encaminhadores saibam que o protocolo de encaminhamento EIGRP os alertará se não for encontrada uma rota, o EIGRP envia periodicamente um pacote "hello" a todos os encaminhadores circundantes. O encaminhador que não tenha recebido nenhum pacote "hello" num determinado intervalo de tempo é considerado não utilizável.

O protocolo de encaminhamento EIGRP utiliza o algoritmo Diffusing-Update Algorithm (DUAL) para determinar a rota de destino mais sistemática, em que o algoritmo DUAL consiste em informações pormenorizadas sobre a tomada de decisões utilizadas pelo algoritmo para determinar a rota mais rentável.

Caminho mais curto aberto primeiro (OSPF)

O Open Shortest Path First é um verdadeiro protocolo de estado de ligação desenvolvido como uma norma aberta para o encaminhamento de IP em grandes redes de vários fornecedores (Rick, 2007). Este tipo de protocolo envia anúncios que consistem em estados de ligação a todos os sensores circundantes ligados dentro da mesma área para comunicar a sua informação de rota. Um router com OSPF ativado, quando ligado, envia pacotes hello a todos os routers ligados ao OSPF. Os pacotes hello enviados contêm informações sobre o próprio encaminhador, que consistem em temporizadores do encaminhador, ID do encaminhador e máscara de sub-rede (Uyless, 2000)

Ao utilizar o OSPF, o anfitrião que necessita de alterar a tabela de encaminhamento existente, detecta imediatamente uma alteração na rede, transmite e apresenta a informação a todos os outros anfitriões da rede, de modo a que todos os outros anfitriões tenham a mesma informação de encaminhamento. A vantagem do OSPF é o facto de enviar informações de encaminhamento aos seus vizinhos de 30 em 30 segundos, ao contrário do protocolo de informações de encaminhamento mais antigo.

O protocolo de encaminhamento OSPF não conta apenas o número de saltos, mas baseia as informações descritivas da linha na ligação declarada, o que significa que tem em conta todas as informações adicionais da rede. Além disso, também permite ao utilizador atribuir uma matriz de custos a um router anfitrião específico para determinar qual o caminho de rede que tem prioridade para ser transmitido.

IS-IS integrado

O protocolo de encaminhamento Integrated Intermediate System - Intermediate System (IS-IS) é um protocolo de estado da ligação, quase idêntico ao OSPF, utilizado em empresas multinacionais e consumidores de ISP

(Rick, 2007). O protocolo de encaminhamento IS-IS foi desenvolvido pela organização internacional de normas (ISO) como parte do seu modelo de interconexões de sistemas abertos. O sistema intermédio no acrónimo IS-IS é um router, enquanto o termo IS-IS é um protocolo de encaminhamento que encaminha pacotes entre sistemas intermédios. O protocolo de encaminhamento IS-IS utiliza uma base de dados do estado da ligação para selecionar as rotas mais curtas para os dados a transferir. Um protocolo de estado da ligação caracteriza-se pela propagação das informações necessárias para construir um mapa completo da conetividade da rede em cada router circundante que esteja ligado à rede do sistema sem fios.

Em comparação com outros protocolos de encaminhamento, como o protocolo de encaminhamento OSPF (open shortest path first), o protocolo de encaminhamento IS-IS utiliza a mesma técnica para comunicar com outros encaminhadores e também com os seus vizinhos , onde armazena em cache dados importantes sobre o estado das ligações e utiliza esses dados para selecionar o caminho ideal. O protocolo de encaminhamento IS-IS é normalmente utilizado para enviar ocasionalmente estatísticas do estado das ligações através das redes, de modo a que outros encaminhadores possam manter uma ilustração atual da geologia da rede.

Protocolo de Gateway de Fronteira (BGP)

A principal diferença entre o Border gateway Protocol (BGP) e os outros protocolos acima referidos reside no facto de o BGP ser um protocolo de gateway exterior, enquanto os restantes são protocolos de gateway interior. A principal distinção entre interno e externo é que um protocolo de gateway externo, como o BGP, estabelece rotas entre sistemas autónomos aos quais é atribuído um determinado número AS (Rick, 2007). Os números AS podem ser atribuídos a um escritório ou a outras empresas com um ou vários routers BGP.

A informação de encaminhamento BGP é normalmente trocada entre várias entidades empresariais, por exemplo, os fornecedores de serviços Internet (ISP) e a Internet pública em cibercafés públicos. Num ambiente hostil aberto, o BGP é de facto muito seguro e centrado na segurança, de tal modo que os encaminhadores circundantes têm de ser configurados manualmente para alterar qualquer definição. Além disso, com as recentes implementações do BGP, o protocolo de encaminhamento dispõe de um vasto conjunto de filtros de rotas que permitem aos ISP defender a sua rede e controlar o que será anunciado aos seus concorrentes.

Um protocolo de encaminhamento BGP funciona da seguinte forma: quando surge pela primeira vez numa ligação à Internet, estabelece instantaneamente ligações com os outros encaminhadores BGP que rodeiam a área. Em seguida, o protocolo de encaminhamento BGP descarrega toda a tabela de encaminhamento de cada um dos routers circundantes e troca informações com mensagens de atualização mais curtas com outros routers.

O quadro 1 apresenta uma comparação e um resumo de todos os protocolos de encaminhamento disponíveis no mercado atual. Cada um dos protocolos de encaminhamento abordados tem as suas próprias vantagens e desvantagens, dependendo da situação da atividade a que se aplica.

Tabela 1. Protocolos de encaminhamento com as suas caraterísticas. (Cisco, 1999)

Protocolos de encaminhamento	Caraterísticas
Encaminhamento de gateway	• Vetor de distância

interior **Protocolo (IGRP)**	• Rotas IP, IPX, Decnet, Appletalk • Anúncios de tabelas de roteamento a cada 90 segundos • Métrica: largura de banda, atraso, fiabilidade, carga, tamanho da MTU • Contagem de lúpulo: 100 • Máscaras de sub-rede de comprimento fixo • Sumarização no endereço de classe de rede • Balanceamento de carga em 6 caminhos de custo igual ou desigual (IOS 11.0) • Temporizador de atualização: 90 segundos • Temporizador inválido: 270 segundos
	• Temporizador de retenção: 280 segundos • Cálculo da métrica = BW mínimo do caminho de destino * atraso (usec)
Interior melhorado **Protocolo de encaminhamento de gateway (EIGRP)**	• Vetor de distância avançado • Rotas IP, IPX, Decnet, Appletalk • Anúncios de roteamento: Parcial Quando Ocorrem Alterações de Rota • Métricas: Largura de banda, atraso, fiabilidade, carga, tamanho MTU • Contagem de saltos: 255 • Máscaras de sub-rede de comprimento variável • Compactação no endereço de classe de rede ou limite de sub-rede • Balanceamento de carga em 6 caminhos de custo igual ou desigual (IOS 11.0) • Temporizador Hello: 5 segundos em Ethernet / 60 segundos em NonBroadcast • Temporizador de espera: 15 segundos em Ethernet / 180 segundos em Não-Broadcast • Cálculo da métrica = BW mínimo do caminho de destino * atraso (msec) * 256
Caminho mais curto aberto primeiro (OSPF)	• Estado da ligação • Rotas IP • Anúncios de roteamento: Parcial Quando Ocorrem Alterações de Rota

	• Métrica: Custo composto de cada router para o destino (100.000.000/velocidade da interface) • Contagem de saltos: Nenhum (limitado pela rede) • Máscaras de sub-rede de comprimento variável • Compactação no endereço de classe de rede ou sub-rede
	Limite • Balanceamento de carga em 4 caminhos de custo igual • Tipos de router: Interno, Backbone, ABR, ASBR • Tipos de áreas: Backbone, Stubby, Not-So-Stubby, Totalmente Stubby • Tipos de LSA: Intra-área (1,2), Inter-área (3,4), Externo (5,7) • Intervalo do temporizador Hello: (10 segundos para Ethernet / 30 segundos para Não Difusão) • Intervalo de tempo morto: 40 segundos para Ethernet / 120 segundos para Não-Broadcast) • Endereço Multicast LSA: 224.0.0.5 e 224.0.0.6 (DR/BDR) Não filtrar! • Tipos de interface: Ponto a Ponto, Broadcast, Não Broadcast, Ponto a Multiponto, Loopback
IS-IS integrado	• Estado da ligação • Rotas IP, CLNS • Anúncios de roteamento: Parcial Quando Ocorrem Alterações de Roteamento • Métrica: Custo variável (custo padrão 10 atribuído a cada interface) • Contagem de saltos: Nenhum (limitado pela rede) • Máscaras de sub-rede de comprimento variável • Compactação no endereço de classe de rede ou limite de sub-rede • Balanceamento de carga em 6 caminhos de custo igual • Intervalo do temporizador Hello: 10 segundos • Intervalo de tempo morto: 30 segundos • Tipos de área: Topologia hierárquica semelhante à OSPF
	• Tipos de router: Nível 1 e Nível 2

	• Tipos de LSP: Interno L1 e L2, Externo L2
Protocolo de Gateway de Fronteira (BGP)	• Vetor de trajetória • Rotas IP • Anúncios de roteamento: Parcial Quando Ocorrem Alterações de Rota • Métricas: Peso, Preferência local, Origem local, Como caminho, Tipo de origem, MED • Contagem de saltos: 255 • Máscaras de sub-rede de comprimento variável • Compactação no endereço de classe de rede ou limite de sub-rede • Balanceamento de carga em 6 caminhos de custo igual • Temporizador de permanência: 60 segundos • Temporizador de retenção: 180 segundos

Tabela 1. Diferentes protocolos de encaminhamento e suas caraterísticas.

SECÇÃO F

A recolha de dados com eficiência energética por parte de dispositivos móveis/actuadores tem lugar numa rede de sensores sem fios e, devido ao recente avanço das tecnologias, permitiu a expansão de dispositivos sensores de pequenas dimensões, de baixo custo, de baixa potência e multifuncionais. No mercado atual, há uma grande variedade de sensores não idênticos e são geralmente especializados, mas devido à rápida evolução das tecnologias, há sensores únicos que podem fazer algumas capacidades. Os sensores podem medir comprimentos como a distância, a direção, a velocidade do vento, a humidade, a velocidade ou mesmo composições químicas e movimentos vibratórios.

Tradicionalmente, este tipo de sensores é afixado ao equipamento ou ao domínio, também conhecido como território, e os seus resultados, sob a forma de medições, são enviados para uma estação de base (BS) com comunicação por cabo (Amiya, 2010). Durante os últimos anos, surgiu uma nova perceção dos nós sensores como dispositivos autónomos com deteção, processamento e comunicação integrados, ou seja, uma antena é fixada ao sensor e esta antena recebe sinais e um transmissor na antena permite a comunicação sem fios dentro dos sensores (Amiya, 2010). No âmbito dos sensores sem fios, existem as redes de sensores sem fios de salto único e as redes de sensores sem fios de salto múltiplo.

A maior parte das requisições predominantes de sensores sem fios no mercado atual baseia-se na rede sem fios de salto único para chegar a uma estação de base para uma avaliação exaustiva da quantidade sustentada, que é necessária. Um sensor sem fios de salto único significa basicamente que as medições do sensor são enviadas imediatamente através de um tipo de instrumento sem fios do sensor para a estação de base, sendo que a maior parte deste tipo de aplicações se baseia nos sensores incorporados em diferentes dispositivos. O sector da saúde é um exemplo de uma organização que depende muito das redes sem fios de salto único. Os sensores são implantados em relógios que, quando ligados a indivíduos doentes ou a pacientes, monitorizam e analisam dados como os pulsos e a pressão sanguínea (Amiya, 2009). Quando um risco potencial para a saúde é acionado, estes sensores individuais enviam um alarme para um centro de controlo próximo através de comunicações sem fios de um salto.

Uma rede sem fios multi-hop é geralmente constituída por um número substancial de nós sensores de baixo custo e baixo consumo de energia, normalmente posicionados no solo do território, no ar, em veículos ou no interior de edifícios. Os sensores sem fios de salto múltiplo são por vezes preferidos em relação à rede sem fios de salto único, uma vez que o orçamento energético de um único sensor numa rede sem fios de salto único é muito limitado, pelo que o alcance de transmissão do sensor é limitado. Uma enorme quantidade de dispositivos numa rede sem fios de salto múltiplo pode ser organizada para fornecer perspectivas ilimitadas de perceção do mundo corporal, em que informações detalhadas de sensores individuais são enviadas para uma variedade de sensores circundantes e os dados obtidos serão incorporados com outras leituras de sensores para fornecer uma leitura global maior com maior precisão.

Agora que sabemos que uma rede de sensores sem fios é uma rede mono-hoc ou multi-hoc de grande escala que é normalmente colocada e instalada num território específico de interesse para o sistema de vigilância. Os estudos mostram que os sensores que se encontram próximos de um sumidouro esgotam os seus recursos energéticos sob a forma de bateria mais rapidamente do que os que se encontram mais afastados, devido à grande sobrecarga de retransmissão de mensagens (Xu Li, 2003) e também que quanto mais próximo o sensor estiver de um sumidouro, mais rapidamente a sua bateria se esgota (Lou, 2005). O consumo não uniforme de energia por parte destes sensores móveis/actuadores provoca a degradação do desempenho da rede e a redução do seu tempo de vida, uma vez que, no momento em que os sensores vizinhos de um ponto de um sumidouro esgotam a sua bateria restante, os sensores situados mais longe podem ainda ter mais de 90% da sua energia restante (Lian, 2006)

Este problema tem de ser resolvido devido ao facto de o esgotamento irregular da energia levar à degradação do desempenho da rede e à redução do tempo de vida da rede sem fios. O ponto de descarga será isolado da rede se os restantes sensores à volta do ponto de descarga esgotarem a sua fonte de energia, provocando a falha de toda a rede e uma vez que a substituição ou recarga constante de todos os sensores à volta do ponto de descarga não é viável e é dispendiosa devido a vários factores, principalmente operacionais. Pretende-se reduzir drasticamente a utilização equilibrada de energia entre os sensores para prolongar o tempo de vida da rede.

A mobilidade do atuador pode, de facto, ser classificada em dois grupos, que são incontroláveis ou controláveis. A mobilidade incontrolável do atuador significa que um nó atuador será ligado a uma entidade móvel, como os seres humanos ou os automóveis, que existe no ambiente natural e está fora do controlo da rede, e a mobilidade controlável do atuador significa ligar e adicionar intencionalmente uma entidade móvel, como um robô automatizado ou um veículo aéreo não tripulado, a uma rede para executar o nó atuador (Xu Li, 2003). Tanto esta classe de mobilidade incontrolável como a de mobilidade controlável do atuador podem ser exploradas para fins de eficiência energética.

Para maximizar a poupança de energia nas redes de mobilidade de actuadores, a recolha de dados por contacto direto é a opção mais recomendada (Xu Li, 2003). Ao utilizar esta abordagem, um atuador móvel visita as suas fontes de dados e obtém os dados diretamente a partir delas através de uma comunicação de um salto. Isto significa que os dados são fisicamente transportados para os nós de drenagem, se o próprio atuador móvel não for o nó de drenagem. Uma vez que os sensores não precisam de enviar mensagens uns aos outros, esta técnica de recolha direta de dados tem a grande vantagem de poupar energia. Há, no entanto, uma desvantagem na utilização desta técnica, que é o facto de a rede de mobilidade do atuador gerar um grande atraso na recolha de dados devido à baixa velocidade de deslocação do atuador.

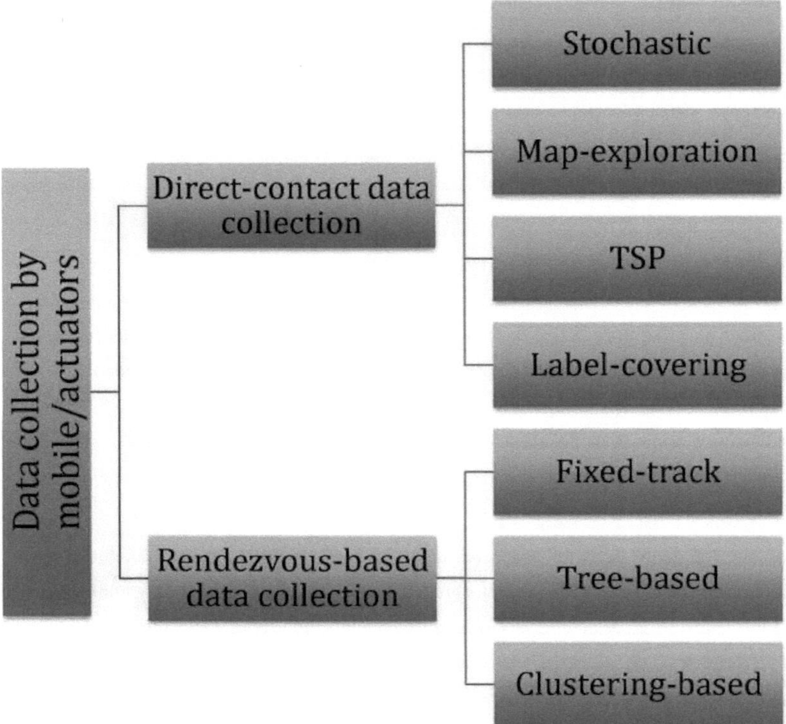

Figura 14. Tipos de recolha de dados por dispositivos móveis/actuadores.

Figure 14 mostra vários tipos diferentes de recolha de dados por actuadores móveis e também os pormenores de cada um dos diferentes tipos de técnica de recolha de dados. Existem dois tipos de técnicas de recolha de dados para uma poupança de energia eficiente: a recolha de dados por contacto direto e a recolha de dados por encontro. Na recolha de dados por contacto direto, existe uma técnica chamada trajetória estocástica de recolha de dados e, utilizando-a juntamente com a mobilidade estocástica do atuador, pode ser gerado um algoritmo simples de recolha de dados (R.C Shah, 2003). Neste algoritmo de recolha de dados, os sensores armazenam as suas medições localmente e aguardam a chegada de um atuador, em que cada atuador se desloca aleatoriamente e recolhe os dados de outros sensores circundantes. Devido à trajetória aleatória do atuador, não há garantias quanto ao desempenho do atuador no estudo de recolha de dados. O consumo de energia no lado do sensor deve-se apenas à descoberta do atuador quando se utiliza a mobilidade estocástica do atuador, por exemplo, quando um atuador está a transmitir uma mensagem enquanto se move, é muito dispendioso detetar a chegada do atuador ouvindo a mensagem transmitida.

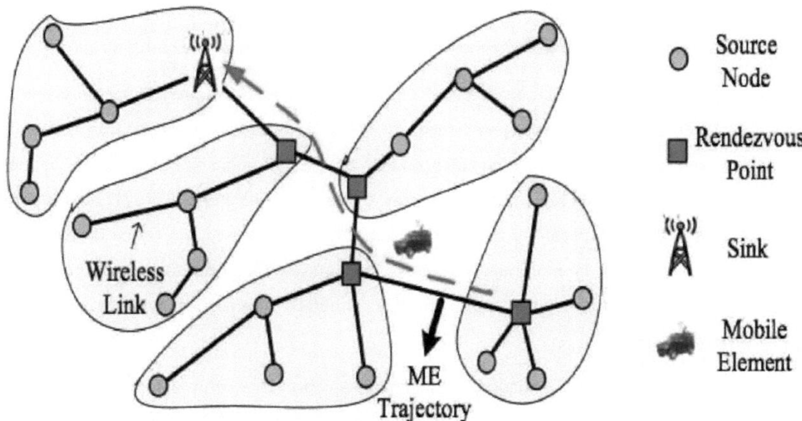

Figure 15 Ilustração da recolha de dados baseada no Rendezvous. (Longfei, 2012)

Figure 15 mostra uma ilustração da recolha de dados baseada em pontos de encontro. Ao utilizar a técnica de recolha de dados baseada no ponto de encontro, Kansal propôs a utilização de um caminho de recolha de dados por atuador em linha reta, em que existe um único atuador na rede (Kansal, 2004). Este atuador move-se ao longo de uma linha reta e emite um sinalizador enquanto se move. Um nó recetor retransmitirá o sinal se o sinal vier ao longo de um caminho mais curto que tenha visto.

Para resolver o problema da capacidade limitada de energia dos sensores em relação à sua capacidade de transmitir as amostras de dados obtidas através do sensor de rede sem fios, é necessário utilizar uma nova técnica que combine mobilidade controlada e planeamento de pontos de encontro para conseguir uma recolha de dados eficiente em termos energéticos. Esta técnica implica que um sensor comece por enviar os seus dados para vários pontos de encontro e, em seguida, solicite a um elemento móvel que recolha os dados armazenados em cache nos pontos de encontro (Longfei, 2012).

SECÇÃO G

Descrever protocolos e coordenação e controlo de topologia em redes de sensores, actuadores e robôs

As redes de sensores são pequenos objectos autónomos com pouca capacidade de processamento e poucos recursos energéticos. Os sensores são utilizados para a medição, a recolha de dados, a comunicação, o controlo do encaminhamento, o controlo da topologia e a manutenção da rede. O controlo da topologia é essencial para garantir a conetividade e a cobertura da rede, quando o sensor é implantado aleatoriamente (H.Idoudi *et al.*, 2012). Se o alcance do sensor for excedido, é necessário instalar mais sensores. Uma forma de resolver o problema consiste em dar capacidade de mobilidade ao sensor, para que este se possa deslocar. No entanto, a capacidade de mobilidade pode levar ao esgotamento da energia já limitada do sensor. Isto afectará novamente a conetividade e a cobertura da rede.

É aqui que entram as redes de sensores e actuadores, que têm mais capacidade de processamento e recursos energéticos. Os actuadores são utilizados para ajudar as redes de sensores, de modo a aumentar o desempenho e o tempo de vida dos sensores. O atuador ou os robôs móveis são utilizados para ajustar a topologia deslocando os sensores, reduzindo assim a tarefa do sensor necessária para a relocalização e o controlo da topologia.

A combinação de sensores permite a deteção dispersa de ocorrências físicas para recolher informações. Existem alguns tipos de redes de sensores. Na rede de sensores sem fios (RSSF), são utilizadas estações de base para efetuar a recolha de dados, o processamento e a coordenação dos sensores. No caso das redes de sensores e actuadores sem fios (WSAN), existem redes de actuadores que são utilizadas para reagir à informação recolhida do mundo físico e realizar as acções necessárias. A figura 16 mostra como as WSAN estão interligadas entre si. Para que as WSAN funcionem, é necessária a coordenação sensor-sensor e sensor-atuador. Tanto nas RSSF como nas WSAN, os sensores detectam os eventos que ocorreram numa área e os dados são processados. No caso da WSAN, os dados seriam transmitidos ao atuador para que este executasse a ação necessária. Esta é a coordenação sensor-atuador. Sem actuadores, as RSSF em grande escala são dispendiosas, uma vez que os sensores têm um maior consumo de energia. Para a coordenação sensor-sensor, é importante sincronizá-los, especialmente quando vários sensores reportam um evento ao mesmo atuador que actua numa área. Os sensores recolhem a informação de um evento e essa informação é utilizada para determinar que conjunto de actuadores deve tomar medidas devido ao evento. Presume-se que qualquer evento no WSAN é comunicado a robôs ou actuadores. No caso de ocorrerem vários eventos ao mesmo tempo, as tarefas são distribuídas por todos os robots. Assim, por exemplo, quando deflagra um incêndio, os sensores detectam o local onde o fogo se vai propagar e fornecem essa informação aos robôs, que decidem qual deles vai extinguir o incêndio.

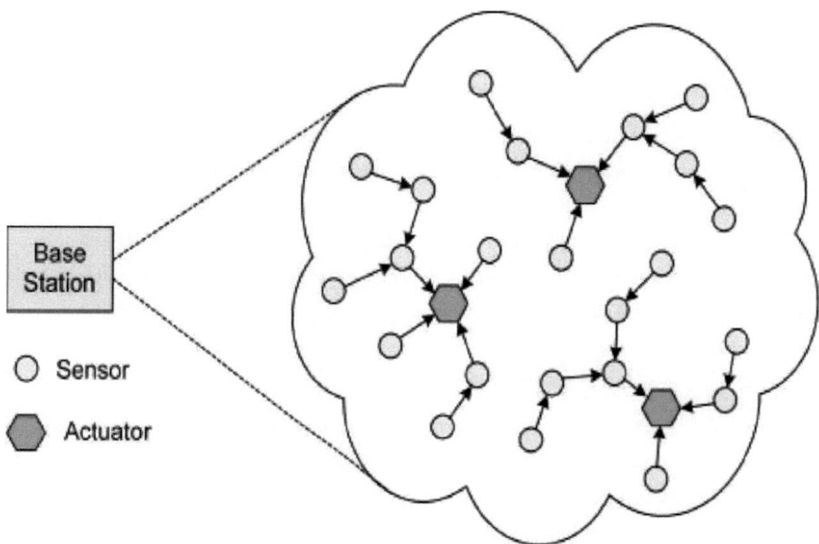

Figura 16: Rede de sensores/actuadores sem fios

SECÇÃO H

Revisão da fusão de informação para redes de sensores sem fios: métodos, modelos e classificações.

As redes de sensores sem fios criam uma grande quantidade de dados que têm de ser transportados, geridos e avaliados em função do objetivo da aplicação. Os dados são tratados pelos nós sensores e adaptados à sua capacidade de tratamento. A sinergia é o sistema capaz de ajudar a minimizar as medições ruidosas, o tráfego de dados, as previsões e os dados de monitorização. O sistema pode ser melhorado se a apresentação de métodos, algoritmos, arquitecturas e modelos de síntese de dados for enviada para o sistema. Uma rede de sensores sem fios (RSSF) é um tipo de rede que combina um grande número de nós com diferentes dispositivos sensores. As RSSF estão também a ser combinadas com computadores para fornecer aplicações como a monitorização industrial, ambiental, automóvel e aérea.

A figura seguinte mostra a ligação entre a fusão de sensores, a integração multissensorial, a agregação de dados, a fusão de dados e a fusão de informações. Como mostra a figura 17, podemos observar que a fusão de informações e a fusão de dados podem ser consideradas a mesma fonte. A fusão de sensores e a agregação de dados fazem parte da fusão de dados e da integração multissensor.

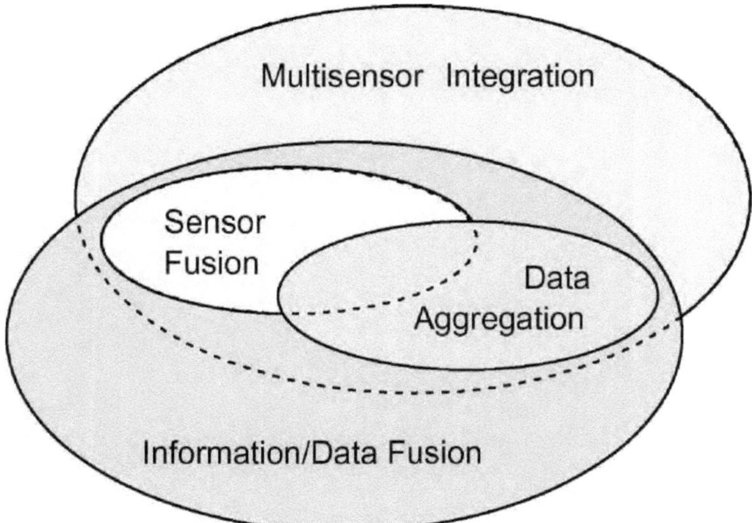

Figura 17: Ligação entre a fusão de sensores, a integração multissensorial, a agregação de dados, a fusão de dados e a fusão de informações

Relação da classificação das fontes

Existem três tipos de fusão de informação: a fusão cooperativa, a fusão complementar e a fusão redundante (Durrant-Whyte, 1988).

A.) Fonte de dados de fusão complementar

A fonte S1 é de A, enquanto S2 é de B, representando diferentes fontes de dados da cena mais alargada . A fonte de dados de fusão complementar é capaz de fornecer uma imagem mais completa devido ao facto de combinar as fontes de dados S1 e S2, que contêm diferentes partes da informação. São combinados para obter uma informação mais ampla que normalmente se escreve como a+b, um composto de diferentes porções de dados que provêm de diferentes partes das fontes. Por exemplo, o monitor do lado direito e o monitor do lado esquerdo numa área. A fusão complementar de fontes de dados tem potencial para fornecer uma fusão de dados mais completa devido à combinação de dados de diferentes fontes ou nós sensores.

B.) Fonte de dados de fusão redundante

Como se pode ver na figura abaixo, S2 e S3 provêm efetivamente da mesma fonte de dados que é B. Isto significa que transportam os mesmos dados genéricos em S2 e S3. Consequentemente, a fonte de dados de fusão redundante é capaz de fazer com que os dados sejam transmitidos corretamente a partir da fonte principal B, uma vez que S2 e S3 estão a enviar os mesmos dados. Por exemplo, se os dados enviados por S2 apresentarem um erro, este será facilmente detectado, uma vez que S3 enviará outros dados diferentes de S2. A fusão de dados do método redundante pode ajudar a aumentar a confiança na exatidão da informação dos dados. Normalmente, a fusão redundante é utilizada quando é necessária uma elevada fiabilidade, confiança e precisão dos dados, o que conduzirá diretamente a uma elevada qualidade da informação.

C.) Fonte de dados de fusão cooperativa

A fusão cooperativa é semelhante à fusão redundante, mas normalmente cria novas informações quando as duas fontes de dados são fundidas. Além disso, a nova informação criada é normalmente mais complicada do que os dados originais fornecidos em C. Isto permitirá ao utilizador ter uma compreensão mais detalhada dos dados C. Por exemplo, o sensor elétrico utilizado para medir a altura de um edifício, apenas toma a leitura do ângulo e a distância do sensor ao edifício, e o resultado será a altura do edifício. Para tal, é necessária alguma programação computacional. Consequentemente, a fusão cooperativa de dados tem de ser aplicada com cautela, pois pode causar imprecisão dos dados se a programação for mal feita (Brooks e Iyengar, 1998).

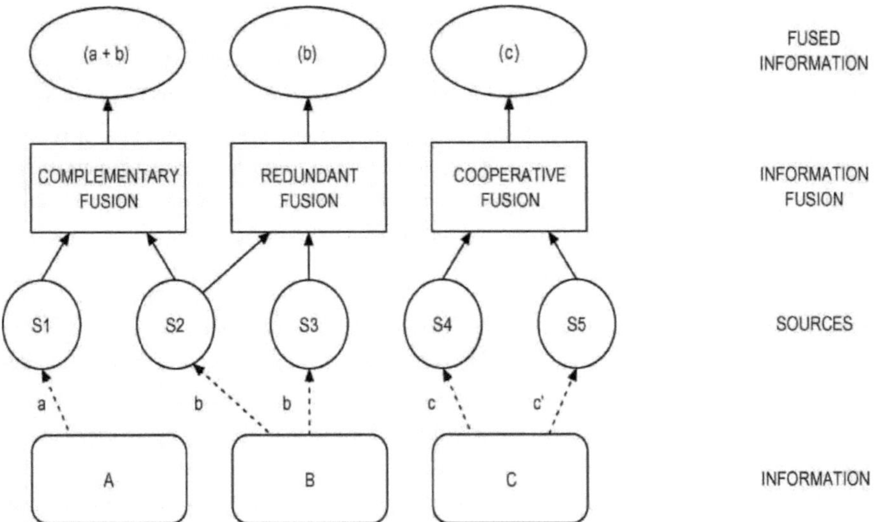

Figura 18: Tipos de fusão de informação baseados na relação entre as fontes, figura adaptada de Elmenreich[2002].

Classificação dos níveis de abstração

Existem essencialmente quatro níveis de abstração na fusão de dados, que são

- Caraterística
- Símbolo
- Pixel
- sinal

A.) Caraterística

- trata de caraterísticas ou atributos extraídos de sinais ou imagens
- por exemplo, forma

B.) Símbolo

- representa uma decisão

por exemplo, tarefas de reconhecimento de objectos

C.) Pixel

- trabalha com imagens
- pode ser utilizado para melhorar as tarefas de processamento de imagens

D.) Sinal

- trata de questões unidimensionais ou multidimensionais
- pode ser utilizado em aplicações em tempo real
- uma etapa intermédia para outras fusões

Há outra forma de classificar o nível de abstração dos dados que são

- Fusão de baixo nível (dados brutos)
- Fusão de nível médio (atributos ou caraterísticas)
- Fusão de alto nível/ fusão a nível de decisão (combina e toma uma decisão)
- Fusão multinível (Compassa dados de diferentes abstracções)

Classificação das entradas e saídas

Com base nas informações de entrada e saída, a fusão de dados é uma das famosas fusões de dados efectuadas por Dasarathy em 1997.

Esta fusão de dados está dividida em cinco partes:

- Data In-Data Out (DAI-DAO) (dados brutos e resultados)
- Data In-Feature Out (DAI-FEO) (fundir fontes para extrair caraterísticas)
- Caraterística In-Feature Out (FEI-FEO) (para melhorar/refinar uma caraterística)
- Recurso In-Decision Out (FEI-DEO) (decisão geradora)
- Decisão de entrada-decisão de saída (DEI-DEO) (fundida para obter novas decisões)

Métodos, técnicas e algoritmos

<u>Modelos baseados na informação</u>

Modelo JDL

O JDL é um modelo popular na comunidade de investigação sobre fusão, comentado e revisto em referências como Steinberg et al. [1999].

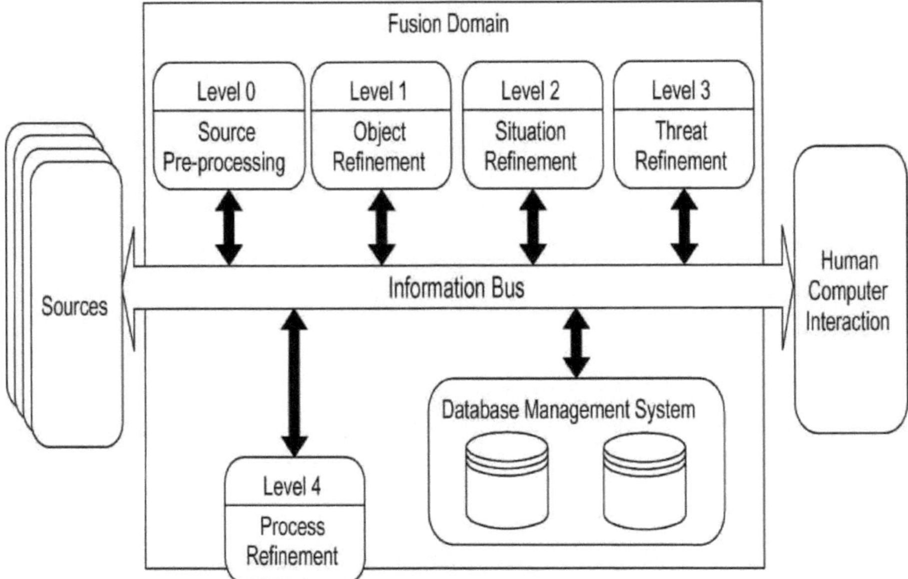

Interação Humano-Computador (IHC).

- Nível 0 (Pré-processamento de fontes)
- Nível 1 (Refinamento de objectos)
- Nível 2 (Refinamento da situação)
- Nível 3 (Refinamento da ameaça)
- Nível 4 (Refinamento do processo)

Modelo Dasarathy.

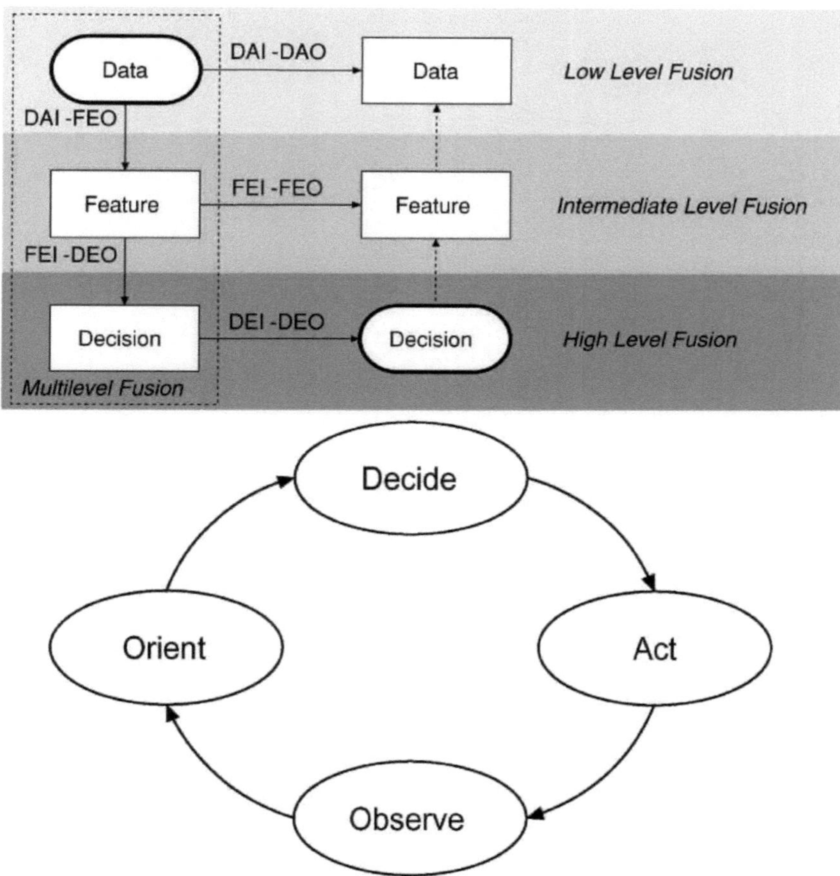

baseados em actividades

Circuito de controlo Boyd.

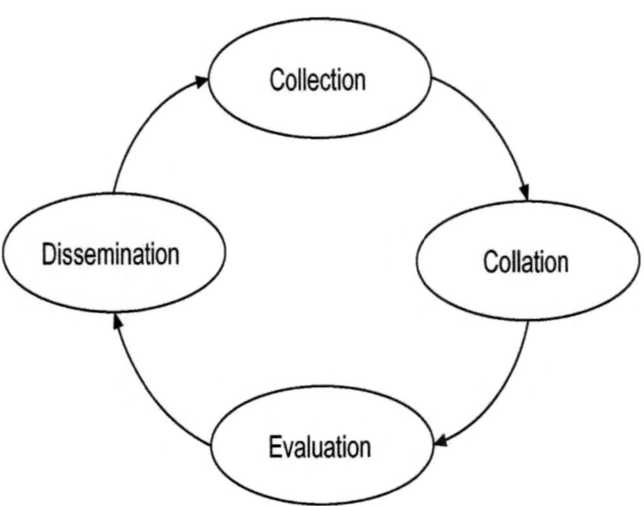
Collection
Collation
Evaluation
Dissemination

SECÇÃO I

O futuro do trabalho e dos esforços no domínio dos microprocessadores e afins não é previsível. Ao longo dos últimos 30 anos, em particular, o mundo testemunhou como os progressos alcançados nesta indústria revolucionaram a forma como os negócios são efectuados e as responsabilidades pessoais são assumidas. Houve um enorme crescimento na forma como os computadores progrediram em termos de desempenho, capacidade e fiabilidade, em particular. Este progresso alcançado está diretamente relacionado com os avanços na arquitetura dos microprocessadores e na tecnologia dos semicondutores. Yung et al. (2002) escreveram um documento breve mas esclarecedor sobre os factores que podem ter e irão influenciar as tendências progressivas no sector dos microprocessadores. Começaram por referir a evolução do microprocessador. Foi constatado e estudado, através de uma sequência de observações, que o número de chips num determinado dispositivo duplicava todos os anos sem que houvesse um aumento de qualquer tipo de custo. Esta conclusão foi obtida por Gordon Moore em meados da década de 1960. Além disso, verificou-se que o número de transístores nos principais microprocessadores duplicou num período de apenas 18 a 24 meses.

Há várias razões para o aumento do número de transístores nos últimos anos e espera-se um aumento nos próximos anos devido à integração de vários níveis de cache, funções do sistema e ao crescimento dos núcleos de processamento em estruturas mais complicadas. Foi também estudado o facto de a frequência dos microprocessadores ter duplicado em cada geração produzida, o que levou à produção de transístores mais rápidos em resposta, bem como a uma estrutura de circuitos mais avançada. Os microprocessadores tecnologicamente mais avançados são normalmente constituídos por matrizes de grandes dimensões. No entanto, as matrizes são reduzidas em tamanho utilizando tecnologias promovidas para uma frequência de microprocessador mais desejável. No lado mais negativo da questão, a interconexão na pastilha revelou-se um travão na tecnologia dos microprocessadores. O espaçamento reduzido resultante do escalonamento dos processos provocou um aumento do atraso das interligações. As interconexões globais foram recentemente utilizadas para facilitar este problema do aumento do atraso das interconexões, mas só pioraram a situação.

Noutros trabalhos, foram utilizados repetidores para atenuar o atraso presente, tendo-se verificado uma melhoria considerável, embora o seu funcionamento eficaz implique uma quantidade constante de energia e de área de matriz. Por conseguinte, na futura tecnologia de microprocessadores, pode prever-se a necessidade de uma conceção mais distinta das interligações on-chip, de modo a facilitar adequadamente o aumento do número de transístores, bem como os padrões de crescimento do desempenho dos microprocessadores nos últimos anos.

Em termos de embalagem de microprocessadores, tem-se notado uma mudança constante da antiga dobra mecânica que funciona com a proteção em mente para o suporte de gestão térmica e eléctrica mais cosmopolita. Muito recentemente, a embalagem foi actualizada de mera ligação de fios para flip-chip e de cerâmica para substâncias orgânicas. Numa perspetiva de futuro, foi descoberto o pacote BBUL (bumpless build-up layer), no qual o pacote é construído em torno de uma matriz de silício (Towle et al., 2002). Há muitas vantagens na utilização do encapsulamento BBUL, como a pequena indutância eléctrica e as tensões termomecânicas na interligação da matriz. Por conseguinte, permite uma combinação simples de múltiplos componentes electrónicos e uma grande quantidade de pinos. Em contraste com algumas das muitas vantagens e avanços que podem ser claramente vistos na evolução da tecnologia de microprocessadores, observou-se que a dissolução da potência de um microprocessador diminui o seu desempenho. Assim, o orçamento de potência disponível tende a tornar-se uma limitação na conceção. Em projectos futuros, métodos como o clock-gating são introduzidos para melhor restringir o aumento súbito de potência.

Relativamente à velocidade de relógio, Yung et al. (2002) também estudaram que quanto mais rápidos forem os transístores e mais longas as condutas, maior será a velocidade de relógio do microprocessador. Eles evidenciaram essa ocorrência com a evolução dos microprocessadores quando utilizada a tecnologia inicial do Pentium até o processador Pentium 4. Devido a este facto, é necessário adicionar um maior número de transístores para controlar o fraco desempenho do microprocessador devido às longas condutas. Mais uma vez, na conceção de futuros microprocessadores, são criados ambientes limitadores de potência para que o ganho de frequência obtido no sistema possa ser efetivamente controlado. Além disso, o progresso constante do desempenho geral dos microprocessadores ao longo dos anos fez com que a capacidade da memória cache ficasse um pouco para trás. Este facto pode ser ilustrado mais claramente na figura 19.

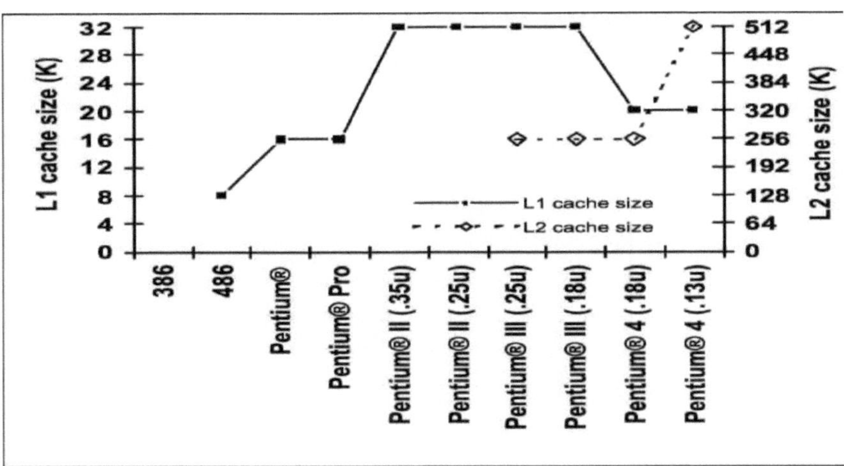

Figura 19: O aumento do tamanho da cache diminui a diferença entre o processador e a memória

A figura acima mostra a cache de primeiro e segundo nível utilizada nas últimas 7 gerações de microprocessadores Intel. Ao longo do tempo, a cache de primeiro nível parece ter diminuído para que a baixa latência de acesso possa ser preservada. Em trabalhos futuros, as caches associativas definidas causariam uma diminuição dos conflitos e das falhas de capacidade que são normalmente causados por um aumento do tamanho da cache. Em última análise, estes esforços exigem que os futuros fabricantes de microprocessadores considerem e optimizem a transferência de cache para cache em vez da transferência de memória para cache. Os métodos futuros para realizar estes processos incluem o hyper-threading e o multiprocessamento em pastilha. Por último, em termos de ligações de entrada e saída e da sua relação com a largura de banda, as taxas de desempenho mais elevadas dos microprocessadores obrigarão os projectistas a incluir interligações pontoa-ponto de alta velocidade em vez de barramentos partilhados, devido à grande quantidade de dados enviados e recebidos simultaneamente num dado momento. Para aumentar a largura de banda, podem ser utilizadas interligações distribuídas, especialmente quando é atingido o limite que um pino pode suportar.

Para além destes desenvolvimentos recentes e dos futuros desenvolvimentos que poderão ocorrer com os microprocessadores, Crummey (2013) reitera a Lei de Moore, segundo a qual o número de transístores presentes num microprocessador tende a duplicar a cada 2 anos, em média. A implicação deste facto é que o desempenho detectado nos microprocessadores é que aumentou cerca de 1000 vezes nos últimos 20 anos. Ao longo do tempo, verificou-se que a conceção dos microprocessadores passou de meros transístores para concepções multithread, incluindo a observada por Yung et al. (2002) em chips e threads multicore. A figura seguinte mostra mais claramente, através da evidência da infraestrutura de microprocessadores, o quanto esta evoluiu num período de cerca de 40 anos.

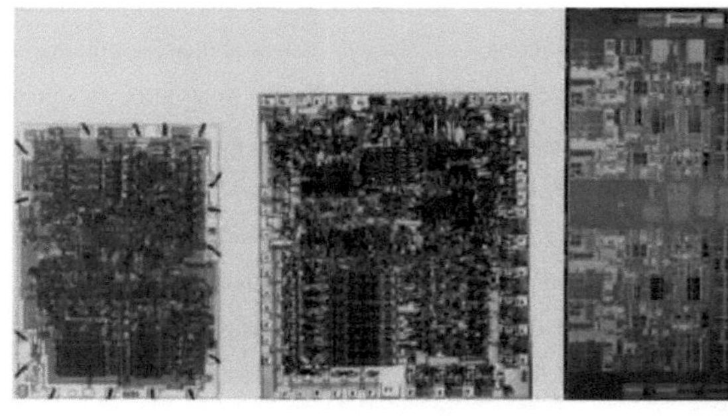

Intel 4004, 1971
1 core, no cache
23K transistors

Intel 8008, 1978
1 core, no cache
29K transistors

Intel Nehalem-EX, 2009
8 cores, 24MB cache
2.3B transistors

Figure 20: A forma como a infraestrutura do microprocessador evoluiu nos últimos 40 anos (Borkar & Chien, 2011)

Crummey (2013) também levantou a questão do escalonamento de Dennard, que promoveu propriedades de escalonamento de circuitos CMOS (complementary metal-oxide-semiconductor) envolvendo todas as propriedades dos transistores. Como resultado do escalonamento, observou-se uma melhoria significativa na densidade dos transistores, na dissipação de energia e na velocidade de comutação (Dennard, 1974). O escalonamento de Dennard provocou uma comutação mais rápida dos transístores, que funcionaram mais eficazmente com taxas de relógio mais elevadas. Os desenvolvimentos da microarquitectura resultaram em melhorias críticas como a pipelagem, a previsão de ramificações, a execução fora de ordem e a especulação que, em última análise, causaram uma eficiência energética melhor e mais desejável em termos de dissipação de energia, bem como um melhor desempenho. No entanto, à medida que o escalonamento Dennard foi sendo desenvolvido, os investigadores descobriram que a redução do tamanho dos transístores criou obstáculos, na medida em que se descobriu que os transístores não actuavam como interruptores ideais. Isto resultou em fugas de corrente. Assim, devido a estes incidentes, verificou-se uma melhoria limitada em termos de desempenho e de redução de energia. A nova limitação nestas condições passou a ser a energia necessária. Ultimamente, os projectos têm-se centrado muito na preservação e eficiência energética, juntamente com a sustentabilidade. Por conseguinte, a eficiência energética tem de ser o principal fator de desempenho, especialmente na conceção destes dispositivos. Além disso, Borkar & Chien (2011) também observam a desigualdade de velocidade dos ciclos do processador por acesso à memória. A fim de reduzir a desigualdade, serão necessários 2 ou 3 níveis de cache para facilitar a evolução da diferença de velocidade produzida. Assim, em vez de transístores, parece que a cache parece ser a solução ideal para estes desafios crescentes. As pequenas vantagens resultantes do escalonamento dos transístores obrigam os investigadores a modificar as suas ideias para encontrarem soluções mais desejáveis.

Há vários esforços em curso em termos de escalonamento. Tem havido tentativas de aumentar a densidade de transístores e o número de transístores presentes, bem como de expandir a localidade e reduzir a largura de banda para uma operação. No entanto, ter em conta o número total de núcleos, bem como a frequência de funcionamento, é vital para manter uma dissipação de energia racional. Devido aos esquemas de eficiência energética acima referidos em termos de conceção para a sustentabilidade, os futuros microprocessadores devem ter em conta um orçamento limitado e fixo para a energia e basear a arquitetura do microprocessador em função desse orçamento. Assim, este é o objetivo final a atingir nestas indústrias e em muitas outras indústrias relacionadas, porque com a eficiência energética vem um desempenho mais desejável. Para que este objetivo se concretize, haverá obstáculos que o acompanham. Principalmente, montar os múltiplos núcleos e personalizar a configuração de acordo com o desejado. Além disso, também existem várias opções na escolha de vários núcleos. Outras opções de design incluem a adição de aceleradores para tarefas específicas e a otimização da eficiência energética limitando a estrutura de acesso à memória e monitorizando de perto a flexibilidade. Crummey (2013) refere ainda que a eficiência energética pode ser ainda mais promovida utilizando o método de escalonamento da tensão. À medida que a tensão de alimentação é reduzida, a frequência de funcionamento diminui, mas a eficiência energética aumenta.

Por conseguinte, nos próximos anos, espera-se que a Lei de Moore, tal como acima referido, continue, mas exige que sejam efectuadas grandes modificações na atual arquitetura do microprocessador e no software. Para reforçar este ponto, Borkar & Chien (2011) afirmam que "a arquitetura do microprocessador irá mais longe do que o paralelismo homogéneo, a heterogeneidade e a utilização dos benefícios que os transístores trazem para criar aplicações". Também referem que o software, por outro lado, "deve esforçar-se por aumentar o paralelismo e utilizar o heterogéneo e aplicá-lo a hardware que seja tão personalizado quanto desejável". No que respeita à potência e aos fios utilizados nos microprocessadores, existem restrições ao desempenho da tecnologia, tanto no futuro como nos últimos tempos. A potência tornou-se assim o principal fator de conceção para vários mercados.

Processor	µArch	Processor	sSpec	Release date	Price (USD)	CMP SMT	LLC (B)	Clock (GHz)	nm	Trans M	Die (mm²)	VID Range (V)	TDP (W)	FSB (MHz)	B/W (GB/s)	DRAM Model
Pentium 4	NetBurst	Northwood	SL6WF	May '03	-	1C2T	512K	2.4	130	55	131	-	66	800	-	DDR-400
Core 2 Duo E6600	Core	Conroe	SL9S8	Jul '06	316	2C1T	4M	2.4	65	291	143	0.85-1.50	65	1066	-	DDR2-800
Core 2 Quad Q6600	Core	Kentsfield	SL9UM	Jan '07	851	4C1T	8M	2.4	65	582	286	0.85-1.50	105	1066	-	DDR2-800
Core I7 920	Nehalem	Bloomfield	SLBCH	Nov '08	284	4C2T	8M	2.7	45	731	263	0.80-1.38	130	-	25.6	DDR3-1066
Atom 230	Bonnell	Diamondville	SLB6Z	Jun '08	29	1C2T	512K	1.7	45	47	26	0.90-1.16	4	533	-	DDR2-800
Core 2 Duo E7600	Core	Wolfdale	SLGTD	May '09	133	2C1T	3M	3.1	45	228	82	0.85-1.36	65	1066	-	DDR2-800
Atom D510	Bonnell	Pineview	SLBLA	Dec '09	63	2C2T	1M	1.7	45	176	87	0.80-1.17	13	665	-	DDR2-800
Core I5 670	Nehalem	Clarkdale	SLBLT	Jan '10	284	2C2T	4M	3.4	32	382	81	0.65-1.40	73	-	21.0	DDR3-1333

Figure 21: Especificações de 8 processadores comuns diferentes normalmente utilizados em experiências (Esnaeilzadeh et al., 2012)

A figura 21 apresenta em pormenor algumas das estatísticas e dados mais comuns encontrados em relação a vários processadores existentes no mercado e normalmente utilizados para experiências por investigadores. Com base na data de lançamento de cada processador, pode avaliar-se facilmente o ritmo a que esta indústria cresceu e evoluiu para o que é atualmente. Em termos de potência e do efeito que tem no desempenho, que é normalmente um compromisso, o gráfico da figura 22 descreve mais claramente a situação. Como se pode observar, a potência por milhão de transístores tende a ser constante em diferentes processadores. É interessante notar que os processadores Intel queimam cerca de 1W por cada 20 milhões de transístores (Esmaeilzadeh et al., 2012).

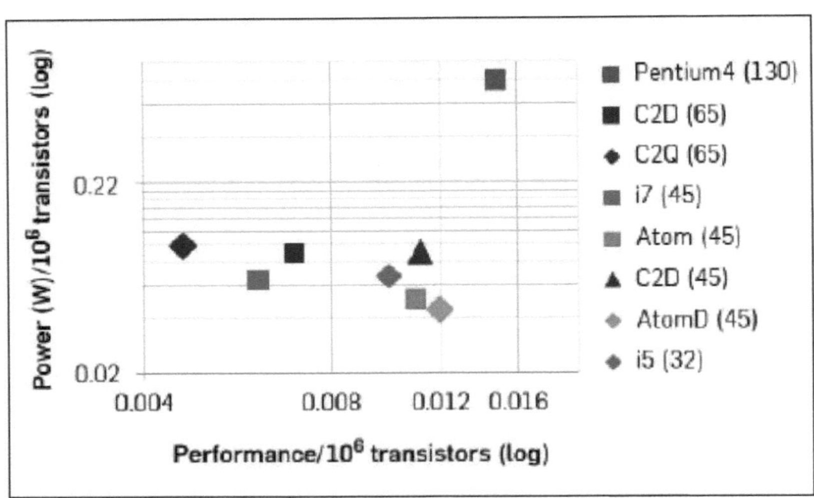

Figura 22: O compromisso entre potência e desempenho (Esmaeilzadeh et al., 2012)

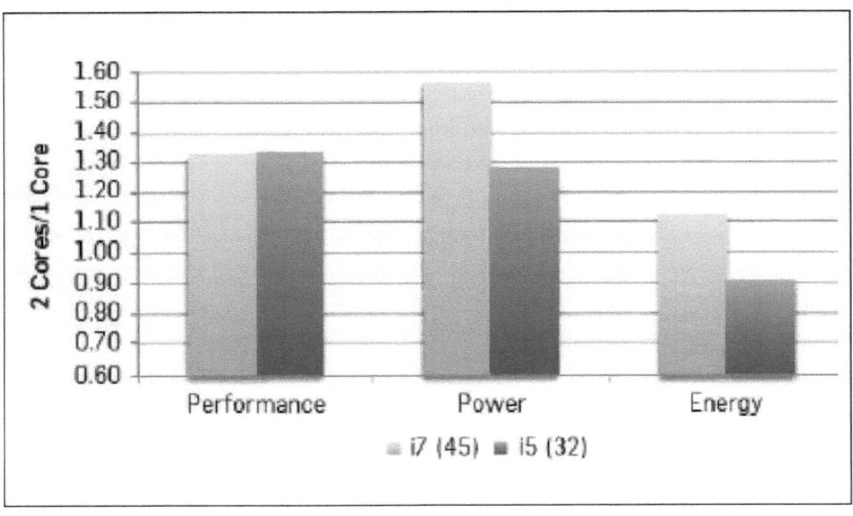

Figura 23: O efeito da adição de um núcleo adicional ao processador (Esmaeilzadeh et al., 2012)

Tal como referido na Figura 23, quando um processador de núcleo único é substituído por um processador de núcleo duplo, os efeitos podem ser obviamente observados utilizando os três gráficos respectivos. O desempenho manteve-se quase constante, enquanto a potência e a energia foram significativamente reduzidas. Por conseguinte, para garantir que os objectivos são atingidos, as futuras concepções de microprocessadores para qualquer aplicação serão feitas tendo em mente a gestão eficiente da potência e a eficiência energética. No entanto, os investigadores têm de obter cuidadosamente valores reais para a otimização da potência e da energia, a fim de se prepararem adequadamente para o futuro.

Para além dos desenvolvimentos acima registados, Patterson (2001) sugeriu a utilização de um "cluster on a chip" (CoC), ou seja, a utilização de vários processadores num único chip. Patterson observou que a Google tem sido uma grande utilizadora desta ideia e registou que o desempenho dos microprocessadores é linearmente proporcional ao número de transístores. Além disso, os processadores de construção simples podem funcionar a velocidades de relógio mais rápidas e, em última análise, têm valor económico, na medida em que o tempo e o custo da sua utilização são menores. Yu (1996) contribui para o desenvolvimento do futuro dos microprocessadores na qualidade de perito da Intel. As implicações negativas do avanço dos microprocessadores são os custos de capital mais elevados. Afirma que, por exemplo, o processador Pentium Pro tem atualmente 6 milhões de transístores que requerem uma operação de fabrico no valor de 2 mil milhões de dólares. Ele cita esse fato como resultado da Segunda Lei de Moore, que afirma que o aumento da especificidade dos chips faz com que o custo de produção aumente de forma exponencial. A Figura 24 abaixo ilustra ainda mais especificamente o quanto o microprocessador e as suas propriedades se expandiram desde 1989, num período de cerca de 17 anos. A título de exemplo, o número de milhões de instruções por segundo (MIPS) aumentou cerca de 200 vezes desde 1989, tendo o número de transístores também aumentado consideravelmente.

Characteristic	1989 predictions for 1996	1996 actuals	1989 predictions for 2000	1996 predictions for 2000	1996 predictions for 2006
Transistors (millions)	8	6	50	40	350
Die size* (inches)	0.800	0.700	1.2	1.1	1.4
Line width (microns)	0.35	0.35	0.2	0.2	0.1
Performance:					
MIPS	100	400	700	2,400	20,000
ISPEC95	2.5	10	17.5	60	500
Clock speed (MHz)	150	200	250	900	4,000

Figura 24: Tendências na evolução dos microprocessadores

Yu (1996), na sua investigação, analisou alguns factores que poderiam ter afetado diretamente esta rápida evolução dos microprocessadores ao longo dos anos, bem como a tendência que está prestes a continuar nos próximos anos. Entre eles, a tecnologia de silício que foi evidentemente desenvolvida. A largura da linha que a Intel tem vindo a produzir situa-se entre 0,30 e 0,35 microns para os processadores Pentium e Pentium Pro. No entanto, espera-se que se torne ainda mais pequena nos próximos tempos, podendo atingir os 0,1 microns. Com esta ocorrência, são necessárias mais interligações, juntamente com uma fonte de tensão mais pequena. Em termos de desempenho, observa-se que este cresceu para além das expectativas, na medida em que a microarquitectura e as melhores técnicas e integração de circuitos permitiram atingir frequências de funcionamento mais elevadas. No que diz respeito à arquitetura, a computação de conjunto de instruções reduzido (RISC) e a computação de conjunto de instruções complexo (CISC) foram eficazmente integradas para produzir chips inteligentes, eliminando as diferenças entre ambos os aspectos e combinando os seus pontos fortes. Com estas muitas vantagens, os investigadores e inovadores precisam de ter em mente e assegurar uma elevada largura de banda entre a memória e a CPU, bem como outros componentes, de modo a que todos os componentes se complementem adequadamente no seu funcionamento total. Devido a estas várias melhorias registadas e a estes avanços que provavelmente resultarão numa operação ainda mais fácil para os computadores a serem concebidos em breve, uma maior população de pessoas irá apressar-se a obter estes dispositivos. Isto dará origem a um segmento de mercado competente, especialmente nestes domínios, e espera-se que esta tendência continue. Por conseguinte, independentemente do domínio de aplicação dos microprocessadores num futuro próximo e mais longínquo, é inevitável que a tecnologia esteja a evoluir lenta mas seguramente. Evoluiu significativamente num período de tempo tão curto no passado e espera-se que a sua tendência continue e possivelmente de uma forma mais acentuada no futuro. Por conseguinte, é possível esperar desenvolvimentos e inovações enormes e fundamentais nos vários domínios em que os microprocessadores são fortemente aplicados e na medida em que podem atingir e simplificar a vida dos seres humanos.

SECÇÃO J

1. **Indique as quatro normas sem fios globais diferentes.** (Resposta: Rede de Área Pessoal, Rede de Área Local, Rede de Área Metropolitana, Rede de Área Sem Fio)

2. **Qual é o número de satélites necessários para triangular uma posição específica utilizando um sistema de posicionamento global (GPS)?** (Resposta: Três)

3. **A identificação por radiofrequência, também conhecida por RFID, é amplamente utilizada para localizar objectos, como produtos de consumo numa loja de retalho. Quais são os dois tipos de tecnologias RFID disponíveis atualmente?** (Resposta: Passiva e alimentada por bateria)

4. **O protocolo de encaminhamento com as abreviaturas IGRP significa ....?** (Resposta: Interior Gateway Routing Protocol)

5. **Os sensores de recolha de dados transmitem normalmente informações a uma estação de base através de comunicações por cabo. Verdadeiro ou falso?** (Resposta: Verdadeiro)

6. **Qual é a taxa de bits máxima de uma rede de sensores sem fios IEEE 802.11g?** (Resposta: 54 Mbits/s)

7. **Qual é o protocolo de encaminhamento mais adequado para uma empresa que fornece Internet pública: OSPF, IS-IS ou BGP?** (Resposta: BGP)

8. **Existem três tipos de fusão de informações: cooperativa, complementar e...................?**

(Resposta: Redundante)

9. **Um processador dual core consome mais potência e energia do que um processador single core com o mesmo nível de desempenho. Verdadeiro ou falso?** (Resposta: Falso. Um processador dual core consome menos potência e energia)

10. **Identificar os dois tipos de recolha de dados por actuadores.** (Resposta: Recolha de dados por contacto direto e recolha de dados por ponto de encontro)

SECÇÃO K

Projeto 1: Deteção de temperatura com o sistema LM35

O objetivo deste projeto é proporcionar um ambiente ou espaço com uma temperatura estável de 37°C para recém-nascidos e crianças pequenas. Isto porque a variação da temperatura ambiente e as alterações meteorológicas causam problemas e alegrias a um recém-nascido que precisa de se adaptar às flutuações da temperatura ambiente. Este protótipo de projeto destina-se a ajudar a criança a resolver o desafio da regulação da temperatura para o recém-nascido e a reduzir o risco. Para o efeito, é efectuada a codificação para obter e manter a temperatura desejada de 37°C. Existe uma folga de um grau Celsius em que a temperatura é controlada entre 36°C e 37°C. Quando a temperatura é inferior a 36°C, a serpentina de aquecimento e o ventilador serão ligados para fornecer um sistema de aquecimento ao espaço fornecido. Quando a temperatura no interior do espaço for superior a 37°C, a ventoinha e a serpentina de aquecimento serão desligadas, o que significa que o sistema de aquecimento está desligado. Como se pode ver no resultado do gráfico, a temperatura é mantida entre 35,5°C e 37,5°C. Existe um erro de 0,5°C em relação à temperatura desejada. O projeto começa com um sistema de deteção de temperatura com um LM35. No início da codificação do sistema de sensor de temperatura, os pinos do ecrã no Arduino Uno têm de ser predefinidos e o tamanho do LCD 16 X 2 também tem de ser mencionado.

Fórmula para obter a temperatura no interior da sala,

```
int dout = analogRead(A0);
float volt = dout*0.00488
float temp = volt*100;
```

A primeira linha do código é obter a leitura do LM 35, onde a leitura está numa forma anológica. A leitura é ligada e enviada para A0 no Arduino Uno. Depois, a leitura do anolog é multiplicada por 0,00488 e, em seguida, multiplicada por 100 para obter a temperatura no interior da sala.

Existem três pinos no LM35. O primeiro pino está ligado ao neutro, enquanto o pino central está ligado ao A0 e o último pino está ligado à fonte de alimentação de 5 tensões.

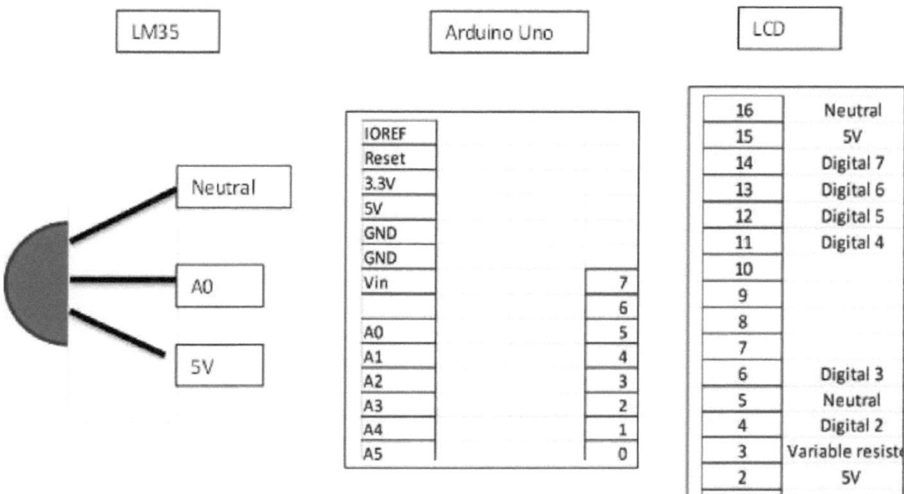

Figura 25: Diagrama esquemático do sistema de deteção de temperatura

Figura 26: Sistema de deteção de temperatura

Codificação para indicação de temperatura em LCD com LM35

```
#include <LiquidCrystal.h>
LiquidCrystal mylcd(2,3,4,5,6,7);   // the display pins in Arduino
void setup()
{
  mylcd.begin(16,2); // tell the arduino which type of LCD is used
}
void loop()
{
  int dout = analogRead(A0);  // row analog
  float volt = dout*0.00488;   // to get voltage multiply analog with resolution
  float temp = volt*100;

  mylcd.setCursor(0,0);
  mylcd.print("temp:");
  mylcd.print(temp);
  mylcd.print("celsiu");
  delay(300);
}
```

Desenho 2: Sistema de controlo da temperatura

A codificação foi concebida para ter um sistema de aquecimento e um sistema de retorno de temperatura. O protótipo também inclui 2 relés e resistências. Os relés no projeto funcionam como interruptores para controlar a bobina de aquecimento e a velocidade da ventoinha. Por exemplo, quando a temperatura é inferior a 36°C, a bobina de aquecimento e a ventoinha ligam-se para fornecer um sistema de aquecimento ao espaço fornecido. Quando a temperatura no interior do espaço for superior a 37°C, a ventoinha e a bobina de aquecimento serão desligadas, o que significa que o sistema de aquecimento está desligado. Quando o utilizador pretende um aquecimento mais rápido, a velocidade da ventoinha pode ser controlada. A codificação inclui um sistema de arrefecimento que desliga a bobina de aquecimento e liga apenas a ventoinha para soprar o ar atmosférico e arrefecer a divisão. O sistema de arrefecimento é adicionado para a situação em que o utilizador pretende um arrefecimento de emergência numa sala se ocorrer algum acidente. Existem dois LM35, um dos quais detecta a temperatura no interior da divisão e o outro detecta a temperatura no exterior da divisão. O LCD mostrará ambas as temperaturas. O protótipo pode oferecer quatro configurações: aquecimento, arrefecimento, aquecimento forçado e arrefecimento forçado. Durante o arrefecimento de emergência, se a temperatura atmosférica for superior à temperatura ambiente, a ventoinha será desligada. O objetivo é garantir que a temperatura no interior da divisão não aumente onde não é desejado.

Codificação do sistema de controlo da temperatura

```
//Define pin aliases
int p_switch1 = 12;
int p_switch2 = 11;
int p_motor = 10;
int p_heater = 9;
int p_tempSensor = 0;

//Declare variables
boolean motorPower = 0;
boolean heaterPower = 0;
float nextTemp;
float prevTemp;
int mode = 0;

int highTemp = 37;
int lowTemp = 28;
float tempMargin = 1.0;

void setup()
{
  //Set pin modes
  pinMode(p_switch1, INPUT);
  pinMode(p_switch2, INPUT);
  pinMode(p_motor, OUTPUT);
  pinMode(p_heater, OUTPUT);

  Serial.begin(9600);
```

```
}
void loop()
{
 serialFeedback();
 relayControl();
 digitalWrite(p_motor, motorPower);
 digitalWrite(p_heater, heaterPower);
 delay(1000);
}

void serialFeedback()
{
 Serial.println(); Serial.println(); Serial.println(); Serial.println(); Serial.println();
 Serial.print("Temperature: "); Serial.print(temperature()); Serial.println(" deg.C");
 Serial.print("Target Temp: ");
 if (mode == 0) Serial.println("N/A");
 else
 {
   if ((mode == 1) || (mode == 2)) Serial.print(highTemp); if ((mode == 3) || (mode == 4) || (mode
== 5)) Serial.print(lowTemp); Serial.print(" deg.C w/ margin of ");
   Serial.print(tempMargin); Serial.println(" deg.C");
 }
 Serial.print("Input:  "); Serial.print(digitalRead(p_switch1));
Serial.println(digitalRead(p_switch2));
 Serial.print("Mode:   "); Serial.print(mode);
 switch (mode)
 {
  case 0:
   Serial.println(" (Idle)");
   break;
  case 1:
  case 5:
   Serial.println(" (Heating)");
   break;
```

```
    case 2:
    case 4:
      Serial.println(" (Cooling)");
      break;
    case 3:
      Serial.println(" (Forced Cooling)");
      break;
  }
  Serial.print("Motor:  "); if (motorPower) Serial.println("Energized"); else Serial.println("Idle");
  Serial.print("Heater: "); if (heaterPower) Serial.println("Energized"); else Serial.println("Idle");
}

void relayControl()
{
  switch (mode)
  {
    case 0:
      motorPower = 0;
      heaterPower = 0;
      if (digitalRead(p_switch1) && digitalRead(p_switch2)) mode = 1;
      if (digitalRead(p_switch1) && !digitalRead(p_switch2)) mode = 5;
      break;
    case 1:

      motorPower = 1;
      heaterPower = 1;
      if (!digitalRead(p_switch1) && !digitalRead(p_switch2)) mode = 0;
      if (digitalRead(p_switch1) && !digitalRead(p_switch2)) mode = 3;
      if (temperature() > highTemp) mode = 2;
      break;
    case 2:
```

```
      motorPower = 0;
      heaterPower = 0;
      if (!digitalRead(p_switch1) && !digitalRead(p_switch2)) mode = 0;
      if (digitalRead(p_switch1) && !digitalRead(p_switch2)) mode = 3;

    if (temperature() < (highTemp - tempMargin)) mode = 1;
    break;
  case 3:
    motorPower = 1;
    heaterPower = 0;
    if (!digitalRead(p_switch1) && !digitalRead(p_switch2)) mode = 0;
    if (digitalRead(p_switch1) && digitalRead(p_switch2)) mode = 1;
    if (temperature() < lowTemp) mode = 4;
    break;

  case 4:
    motorPower = 0;
    heaterPower = 0;
    if (!digitalRead(p_switch1) && !digitalRead(p_switch2)) mode = 0;
    if (digitalRead(p_switch1) && digitalRead(p_switch2)) mode = 1;
    if (temperature() < (lowTemp - tempMargin)) mode = 5;
    break;
  case 5:

    motorPower = 1;
    heaterPower = 1;
    if (!digitalRead(p_switch1) && !digitalRead(p_switch2)) mode = 0;
    if (digitalRead(p_switch1) && digitalRead(p_switch2)) mode = 1;
    if (temperature() > lowTemp) mode = 4;
    break;
  }
}
```

```
float temperature()
{
  prevTemp = nextTemp;
  nextTemp = ((0.488*analogRead(p_tempSensor)) + prevTemp)/2;
  return nextTemp;
}
```

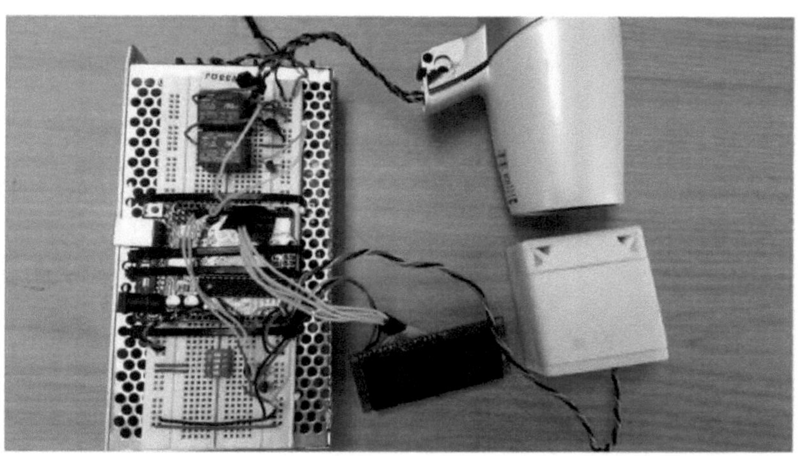

Figura 27: Sistema de controlo da temperatura

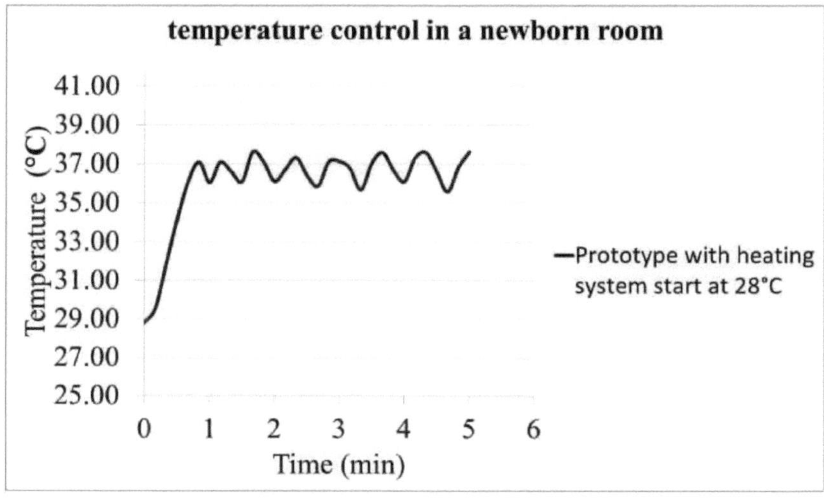

CONCLUSÃO

Em conclusão, a equipa aprendeu e obteve muitos conhecimentos sobre o microprocessador. Por exemplo, a técnica de codificação, o sistema de RSSF e outros foram explorados pela equipa. É uma experiência muito boa experimentar equipamentos eléctricos em que o conhecimento multidisciplinar é muito importante para os engenheiros num mundo de trabalho real

REFERÊNCIAS

A. Kansal, A. A. Somasundara, D. D. Jea, M. B. Srivastava e D. Estrin. "Infraestrutura de fluidos inteligente para redes incorporadas". In *Proc. of MobiSys,* pp. 111-124, 2004.

Amiya Nayak, Ivan Stojmenovic (2010). *Wireless Sensor and Actuator Networks (Redes de sensores e actuadores sem fios*). Nova Jersey: A JOHN WILEY & SONS, INC., PUBLICAÇÃO. 32 - 43.

Borkar, S. & Chien, A. A. (2011). O futuro dos microprocessadores. *Communications of the ACM.* 54 (5), p67-77.

CISCO. (2008). Abordagens de rastreamento de localização. In: - *Guia de design de serviços baseados em localização Wi-Fi 4.1.* EUA: -. p2.1-2.12.

Crummey, J. M. (2013). Tendências dos microprocessadores e implicações para o futuro. *Departamento de Ciência da Computação da Universidade de Rice.* 4 (1), p1-47.

Dennard, R. (1974). Conceção de MOSFETs implantados por iões com dimensões físicas muito reduzidas. *IEEE Journal of Solid State Circuits.* 9 (5), p256-268.

Esmaeilzadeh, H., Cao, T., Yang, X., Blackburn, S. M., McKinley, K. S. (2012). Olhando para trás e olhando para a frente: poder, desempenho e agitação. *CACM.* 55 (7), p105-114.

Garg, V. (2010). *Wireless Communications & Networking.* Estados Unidos da América: Morfan Kaufmann Publishers. p17-19.

Gratton, D.A. (2013). *The Handbook of Personal Area Networking Technologies and Protocols [Manual de tecnologias e protocolos de redes de área pessoal].*

Estados Unidos da América: Cambridge University Press. p15-16.

Hanen Idoudi, Chiraz Houaidia, Leila Azouz Saidane, Pascale Minet.(2012). Redistribuição assistida por robôs em redes de sensores sem fios. p1-8

J. Lian, K. Naik e G. Agnew. "Data Capacity Improvement of Wireless Sensor Networks Using Non-Uniform Sensor Distribution" [Melhoria da capacidade de dados de redes de sensores sem fio usando distribuição não uniforme de sensores]. *International Journal of Distributed Sensor Networks*, 2(2):121-145, 2006.

J. Luo e J.-P. Hubaux. "Joint mobility and routing for lifetime elongation in wireless sensor networks" (Mobilidade e encaminhamento conjuntos para prolongamento do tempo de vida em redes de sensores sem fios). In *Proc. of IEEE INFOCOM,* vol. 3, pp. 1735-1746, 2005.

Longfei Shangguan, Luo Mai, Junzhao Du. (2012). Coleta de dados heterogêneos com eficiência energética em redes de sensores móveis sem fio. *Instituto de Engenharia de Software.* 1 (1), 8.

Patterson, D. (2001). O futuro dos microprocessadores. *Universidade da Califórnia.* 1 (1), p1-17.

R Nave. (2012). *Sistema de Posicionamento Global.* Disponível: http://hyperphysics.phy-astr.gsu.edu/hbase/gps.html#c1. Último acesso em 2 de junho de 2014.

R. C. Shah, S. Roy, S. Jain e W. Brunette. Data MULEs: modelação e análise de uma arquitetura de três níveis para redes de sensores esparsas. *AdHoc Networks,* 1(2-3):215-233, 2003.

Rick Graziani (2007). *Routing Protocols and Concepts (Protocolos e Conceitos de Roteamento)*. Londres: Cisco. 627.

Towle, S. N., Emery, R. D., Chuan, H., Vandentop, G. J. (2002). Desempenho elétrico do acondicionamento em camadas de acumulação sem solavancos. *Conferência sobre Componentes Electrónicos e Tecnologia*. 1 (1), p353-358.

Uyless N. Black (2000). *IP Routing Protocols*. Estados Unidos da América: Prentice Hall. 387.

Xu Li, Amiya Nayak, Ivan Stojmenovic. (2009). Exploiting Actuator Mobility for Energy-Efficient Data Collection in Delay-Tolerant Wireless Sensor Networks (Explorando a Mobilidade do Atuador para Coleta de Dados com Eficiência Energética em Redes de Sensores Sem Fio Tolerantes a Atrasos). *Quinta Conferência Internacional sobre Redes e Serviços*. 1 (1), 3-4.

Yu, A. (1996). O futuro dos microprocessadores. *IEEE Micro*. 96 (1), p46-54.

Yung, R., Rusu, S., Shoemaker, K. (2002). Tendência futura do design de microprocessadores. *ESSCIRC*. 1 (1), p43-44.

Zhang, Y. (2007). *Mobile WiMAX: Toward Broadband Wireless Metropolitan Area Networks (WiMAX móvel: rumo a redes metropolitanas sem fio de banda larga)*.

Estados Unidos da América: Auerbach Publications. p176-179.

Printed by Books on Demand GmbH, Norderstedt / Germany